評伝

山口武秀と山口一門

戦後茨城農業の「後進性」との闘い

先崎千尋

日本経済評論社

目次

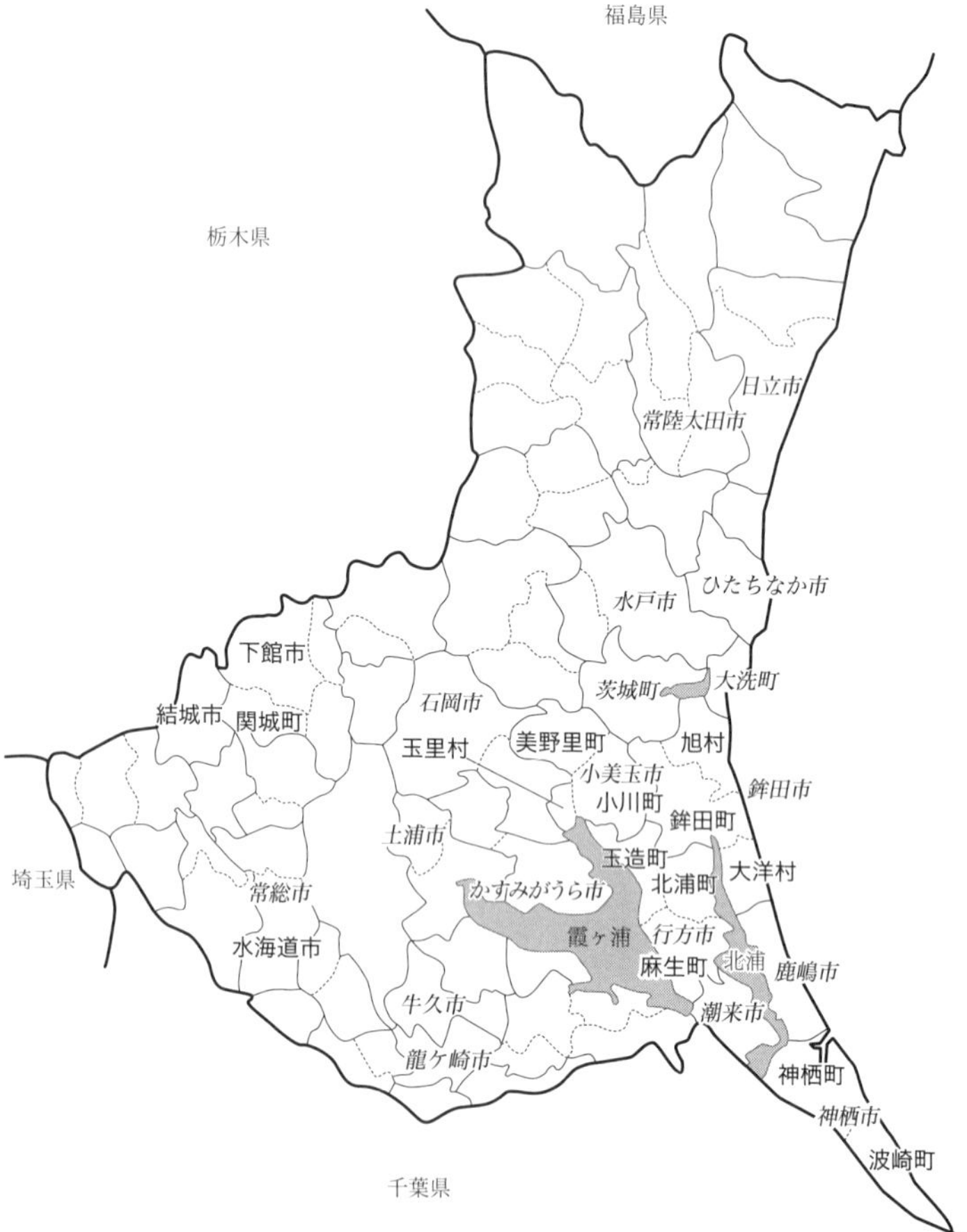

出典：国土地理院ウェブサイト（https://www.gsi.go.jp/KOKUJYOHO/gappei_index.html）
「08 茨城県」より作成。

序章　二人の山口を生んだ茨城の風土

1　二人の山口

茨城県に、戦後の農民運動、農協運動において、全国レベルで活躍した二人の山口がいる。一人は山口武秀《たけひで》。彼は、戦後のわが国の農民運動の中で、常東三郡と言われた鹿島、行方《なめがた》、東茨城地域で、戦後いち早く常東農民組合を組織し、GHQが、日本軍国主義の根城とした寄生地主制を解体するために推し進めた農地改革を現場で強力、強引に推進した。さらに山林原野の未墾地解放を成し遂げ、農地改革が一段落した後は農民運動の目的を「反独占」に切り換え、一定の成果を勝ち取り、全国にその名をとどろかせた。農地改革以前の農民の最大の関心事は「土地を自分のものにしたい」ということであった。そうした農民の心や農村の情勢を武秀は鋭い感性でつかみ取り、戦略を立て、戦術を組むことができた。

三郡のうちの鹿島、行方両郡は、東は太平洋に面し、西は北浦と霞ヶ浦に接し、鉄道は常磐線石岡駅から鉾田駅までの鹿島鉄道だけ（一九二九年に開通）で、南北を貫く路線はなく、茨城県内では長いこと「陸の孤島」と呼ばれていた。農業以外の産業はなく、それも陸稲、甘藷など生産性の低い作物が中心であった。海に面していても、入江がない砂浜が続き、銚子に近い波崎を除いて、漁業が展開しない地域でもあった。そうした貧しい地域で育った武秀は、東京の大学に行っていた姉の影響で資本主義の矛盾、社会主義の理想を学び、中学を中退し、一七歳で運動に身を投じ、その後一貫して農民運動や住民運動の最前線に立ち続けた。農民運動を含めた大衆運動には機敏な行動力が求められるが、武秀は治安維持法違反での刑務所の生活の中で瑣末なことから全体もはかるというカンを磨いていた。生産農民が求めているものは何か、その地域の課題は何なのかを的確につかみ、それを即座に運動に展開していく能力を誰もが持っているわけではないが、武秀は戦前からの実践の中で、その力を獲得していった。

農地改革を挟んで、わが国の農民運動は、革新陣営の中で運動をめぐっての思想、理論上の対立が激しくあり、政党の路線対立とも絡み、離散集合が数多く見られた。農地改革後の農民運動の目標を「反封建」とするか「反独占」とするかという論争があったが、その中で彼は「反独占」の路線を貫き、学生運動の活動家など多くの支援者を集め、常東地域で実践（闘争）を積み重ね、農民運動の新しい路線を確立し、史上不滅の金字塔を打ち立てた、と言われている。

もう一人は山口一門《いちもん》。霞ヶ浦沿岸にある貧しい村の玉川農協という、組合員がわずか二五〇人のごく小さな農協を拠点として、「百姓が農業で食べていける」方策としての「米プラスアルファ方式」という営農形態を編み出し、やがてその方式は周辺の石岡地域一帯に広まり、広域営農団地となり、農協同士が協同するという農協間協同として成果を上げるようになった。それに目を付けた全国農協中央会は営農団地構想を打ち立て、国の農業政策に対抗する全国農協の指針となった。

一門のやり方は農民の考え、希望、要望を聞き、それをまとめ、農協の事業として組み立てていくというわば現場主義である。彼が培った協同組合思想は机上の空論、学者の提言などではなく、実践的な裏付けがあったために、全国の農協役職員や農家組合員に強い影響力を及ぼしていった。

また、当時の茨城県政を担った岩上二郎らと新しい村づくりの方策として「田園都市構想」を打ち出し、当時もまだ農村社会に色濃く残っていた封建的な因習を打破し、農民が人間らしい生活を送れる環境づくりに力を尽くし、農民の文化活動にも貢献した。その活動はすべて下からの積み上げ方式で、行政の力を借りて行うというものではなかった。

一門は、貧しかった農家の経済力向上を、農協を核にした協同の力で図っていくことと、封建的な村社会の変革を「田園都市」というキーワードで進めていくことを、あたかも車の両輪の如くに進めていったのである。

では、茨城県という一地方で、しかも霞ヶ浦をはさんだ地域に、どうして全国に名を知られるようになった農民運動、農協運動の優れた二人のリーダーが誕生し、活躍できたのだろうか。

二人とも貧農の出ではない。武秀の家は地主兼廻船問屋、一門の家は、江戸時代には村役をやり、父親は職業軍人であった。しかし、二人の少年・青年時代、周りはみな貧しかった。「貧しさからの解放」という言葉があるが、二人とも正義感が強く、青年期には生活水準が低い、貧しい農村社会をなんとかしたいという気持ちが強かった。住んでいる地域が貧しかったが故に、強いリーダーが輩出されたと考えられる。全国のどこにでも言えるかどうかはわからないが、後進地域は傑出したリーダーを求め、またそれにふさわしい人が生まれる。「歴史は人を作り、育て、人が歴史を作る」。

この二人の山口に、私は若い時に出逢っている。武秀には、戦後のわが国の農民運動史を仲間と学習していた時、戦後の茨城県での農民運動を知るには、本だけでは足りない、彼に直接会って話を聞かなければ、と考えた。そして、鉾田町（現鉾田市）の武秀の砂利組合の事務所で話を聞くことができ、強い印象を受け、武秀の書いたものを立て続けに読んだ。

一門は、私が水戸市農協に転職する時に仲立ちを頼み、その後農協運動の先達として知己を得、農村社会のあるべき姿や協同組合全般について多くのことを学んだが、一緒に活動するということはなかった。

2　茨城の後進性

二人の山口の活動の背景をさらに深く知るために、茨城の風土としての「後進性」について考えてみよう。私が、茨城の農業の「後進」を最初に意識したのは子どもの頃である。我が家の田畑を耕すのに鍬万能を使い、人力で行っていた。当時は小学生でも、高学年になると労働力の一員になる。あとで知ることになるが、近畿地方では江戸時代すでに牛馬耕が行われていた。その差は実に百年以上になる。

水戸市農協で仕事をするようになったのは一九七〇年代初め、二〇代最後の頃であった。その前に仕事をしていた群馬県の農協の人間関係や、開放的な群馬の農村風景、農民の意識と茨城とを比較すると、茨城のじめじめした人間関係や暗い農民生活がすごく気になった。大牟羅良が『ものいわぬ農民』(岩波書店、一九五八)で描いた農村の貧しさとはどこか違う。群馬と茨城では距離がそんなに離れていないのに、どうしてこんなに違うのだろうか。この差はどこにあり、何に由来するのか。そのことを考えてみたいと思うようになった。そこで文献にあたってみた。

まず、茨城県は一九七〇年代初めまで「後進県」と言われ、その打破が県政のスローガンとされていたことを知る。当時の農村はどこでも貧しかったが、「後進性の打破」が県政の主要目標になった都道府県の事例を私は知らない。

茨城県は『茨城県農業史』(茨城県農業史編さん会、一九六三〜七三、全八巻)を編んでいるが、農政学者の櫻井武雄は、一九六三年に発刊されたその第一巻で、茨城県の農業を「『茨城一号』型農業」と規定していた。「茨城一号」とは、戦中戦後の食糧難の時代に、甘藷随一の多収穫品種として栽培されていたもので、「煮ても焼いても食えない」代物として悪名高く、ついには家畜のえさとしてすら敬遠され、消えていった品種の名称である。「茨城一号」は元々食糧用ではなく、多収穫品種として、デンプンや航空機燃料用アルコールの原料として開発されたものであった。

櫻井は同書で、「茨城の農業は、この『茨城一号』のように、図体ばかり大きくて商品価値に乏しく、技術的にも知能的にも時代遅れ」（第一巻、一頁）と書いている。櫻井はさらに、茨城県農業は農家戸数、農地面積が全国有数で、主産県一位を誇る農産物が多いが、商品としては経済的価値に乏しく、栽培方法としては比較的粗放な農産物が多い、と指摘している。その上で、農業粗収益も低く、おしなべて農業の生産性が低い、それに合わせて農家の生活水準も低い、と書いている。

櫻井は、茨城県は後進県であるという表現はしていないが、『茨城県農業史』は櫻井の問題意識に沿って、茨城農業の後進的な特異体質が歴史的にどのように形成されてきたのかを解明している。

『茨城県農業史』に続いて、茨城県の後進性について検討を加えたのが塙作楽・金原左門編『茨城の近代史』（東風出版、一九七四）である。塙は、当時岩上知事が始めた茨城県史編さん事業に携わっていた。塙らは、「江戸幕府の倒壊と新しい日本の誕生という大きな変動の中で、茨城の地の歴史が日本近代史の開幕と密接な関係を持っている」と考え、その上で茨城県が「後進県」であることを問題とし、なぜそうなのかを究明することを目指した。

「『後進県』とは、いったいどういう意味をふくむのか。『後進県』であることを認めるにしても、何が、あるいは誰が、この地域を『後進県』たらしめたのか。そこには自然と人為とのさまざまな要素が作用している」（同書、四頁）。そして「茨城県は、大正・昭和時代にいたっても、『後進県』から脱却できないでいる。問題は、その後進性が、経済的なそれのみでなく、教育・文化など、いわゆる上部構造における『後進性』にもつながっていることである」（同書、九頁）と、経済面だけでなく、教育・文化などあらゆる面で茨城県が「後進県」であることを指摘している。経済や教育文化などあらゆる面で貧しかったのは、二人の山口が住んでいた霞ヶ浦沿岸や鹿島・行方両郡だけではなく、県全体に及んでいたことなのである。

茨城大学地域総合研究所は、一九七六年にまとめた『茨城のすがた――その地域性』（文真堂）で茨城県が「後進県」であることをさらに具体的に述べている。

「後進県の基準は、県民の生活に最も密接な関係にある上下水道・医療施設・社会福祉施設・道路・公園などの劣悪さに求められる。この点において茨城県はまさに後進県である。これは政治、行政のあり方に基因している。茨城県の政治、行政はきわめて保守的である。それだけでなく、県民の生活を無視してきた」。さらに、「首都東京の諸矛盾を解決するために進められてきた開発で、他県が拒否するようなものを無批判に引き受ける傾向にある」（同書、はしがき、三頁）と、後進であることの具体的な指標を挙げ、政治のあり方を論じている。東海村の原発誘致、鹿島開発、筑波研究学園都市建設などを念頭に置いた表現であろう。

茨城県の後進性論議は、学者、研究者の研究課題にとどまらなかった。「後進性の打破」は、戦後の県政の中心課題とされ、政策課題であった。県は一九五五年からの一〇年を「後進県からの脱却」と位置づけ、「国が計画した原子力施設を積極的に誘致し、鹿島臨海工業地帯の造成をはじめとする地域開発を進める一方、農業近代化を目標とした田園都市計画事業などの主要政策を行っていく」とし、東海村の原子力施設、鹿島開発、田園都市建設を県政の三本の柱とした。茨城の主要プロジェクトであった筑波研究学園都市の建設は一九七〇年代の目標であった（茨城県総務部管財課『三の丸の七〇年——旧茨城県庁舎記録史』茨城県、二〇〇〇）。

県のこれらの事業は、田園都市計画を除けば、「後進県からの脱却」のために国の政策に沿った事業を政策課題とし、推進してきたのである。これらの大規模な開発事業がいくつも並ぶのは、北海道を除けば他に例がない。それも、首都圏に隣接した地域で進められたのである。

茨城県の後進性を裏付けるために、茨城県の歴史を少し遡って見てみよう。

江戸時代後半、水戸で生まれた「水戸学」は幕末の志士たちに大きな影響を与えた。水戸学は、水戸藩で形成された政治思想の学問であり、国学、史学、神道を統合させたもので、下級武士であった藤田東湖や会沢正志斎らは「尊王敬幕」思想を打ち立てる。当時会沢が執筆した『新論』は、「日本古来の神道のトップである天皇のもと、心を一つにして外国に対抗しよう」と主張し、志士たちのバイブルとされ、吉田松陰や西郷隆盛らを鼓舞した。

しかし水戸藩内では、日本という国をどうするかという時に、「改革派」の天狗党と「守旧派」の諸生派（諸生党）との間で、血で血を争うすさまじい抗争、対立を繰り返し、明治を迎えた時にはすべて壊滅してしまい、水戸学は新しい情勢の変化に応じた理論展開や行動を起こすことがなく、その思想的な指導力を失っていった。明治維新を迎えた時、「幕末の魁」は「維新の殿《しんがり》」になってしまったのである。この党争がその後の茨城の歴史に大きな爪痕を残している。

明治政府の指導原理であった「教育勅語」の精神は水戸学の伝統を活かしたものと言われ、その後の皇国史観に受け継がれていく。しかし、その源であった茨城県は皮肉にも歴史に取り残され、「後進県」として取り残されていった。

昭和初年、「昭和維新」の到来を叫んで、全国民に大きな影響を与えた血盟団事件や五・一五事件などで橘孝三郎ら茨城県出身者が演じた役割は大きかった。また、桜田門外の変を起こした幕末の水戸藩士らのテロと関連付けられ、テロリズム＝茨城＝水戸という印象が世間に広まった。印象が広まるだけでなく、その後の陸軍将校が起こした二・二六事件などにより、日本は一気に破滅的な軍国主義・ファシズムの道を走っていくことになる。結果としてその先導役を茨城の人たちが担うことになったのである。

昭和初期のこれらの人たちの動きの底流には、茨城の農村の疲弊、農民の貧窮があり、「尊王、農本の大精神が資本主義下で踏みにじられ、日本が行き詰まりを起こしている」という水戸周辺の青年たちの活動があった。那珂台地に生まれ、育った私の伯父たちも農村の疲弊を憂い、愛郷塾を指導した橘孝三郎の影響を強く受けていた。茨城には、水戸学を唱える人たちの動きが絶えずあり、農本主義と勤王主義とが結びつく思想的土壌が茨城に確実に存在した、と考えられる。

武秀は後に、あだ花と散った水戸天狗党をテーマにした『水戸天狗党物語』（三一書房、一九六七）を書いているが、戦後の常東の野を裸馬で疾駆し運動を指揮した武秀の脳裏には、天狗党の活動が去来していたのではないかと想像できる。

時代は変わって一足飛びに現代に移る。(株)ブランド総合研究所が毎年行っている都道府県の魅力度ランキングで茨城県は最下位を続けている。この調査は、二〇〇九年から同研究所が全国の約三万人に、それぞれの地域に対して魅力度、認知度、情報接触度、各地域のイメージ、産品の購入意欲度、地域資源の評価などを質問して、各地域の現状を評価するというものである。過去一〇回の調査の内、茨城が最下位でなかったのは二〇一二年の四六位（この年の最下位は群馬県）だけであった。

魅力度が最下位だということが、「後進県」あるいは住みにくい地域とイコールではないけれど、明治期から続く茨城のマイナスイメージが今なお続き、政治、行政のあり方や県民意識にも反映されているのではないか。しかしこうした中で、二人の山口は間違いなく「後進性、封建遺制の打破」のために全力投球した。体制順応型農村社会への挑戦でもあった。

本書では、私が若い時に出逢ったこの二人が、茨城が後進であるがゆえに突出して活躍できた歴史的背景（風土）とその足跡をたどり、二人が何を目指したのか。何を成し遂げたのか。周囲の人たちはそれをどう受け止めてきたのか。その後それぞれの地域はどう変化し、二人が何を遺したのかを見ていく。

第一部　山口武秀と常東農民運動――「辺境の地」から「一大園芸王国」へ

山口武秀

写真提供：山口武・山口翠

第一章　「後進県」の「後進地域」

1　戦前の茨城県の農業

「辺境の地」から「先進国」へ変貌を遂げた最大の国はイギリスである。ヨーロッパの歴史はギリシャ・ローマに始まり、近世以前はフランス、スペイン、ポルトガルなどの国が主舞台だった。辺境とは、文明の中心から遠く離れたところを意味し、農業面では自然条件が厳しく、土地生産性が低いところである。

一八世紀後半から一九世紀初めにかけて封建制の桎梏が弱くなった。「後進国」であったイギリスで産業革命が起こり、綿工業を中核に工場制工業が出現し、それによる経済・社会組織の革命的変化が生じた。「産業革命」は、イギリスに追随しかつイギリスを中心とした世界資本主義の循環の中でフランス、ドイツ、アメリカで、遅れて一九世紀末から二〇世紀はじめにかけては日本やロシアにおいて相次いで展開した。イギリスはそれから約二世紀にわたって世界の宗主国となる。

茨城県で同じように、後進、辺境といわれていた地から先進地域に変貌を遂げたのが鹿島行方《なめがた》地域である（以下略して鹿行《ろっこう》地域）。戦前の鹿行地域がどのような特徴を持ったところだったのかを見る前に、まず茨城県全体の農業がどうだったのかを概観する。

序章で見たように、茨城県といっても一様ではない。

江戸時代末期、現在の茨城県南部では、利根川、鬼怒川、霞ヶ浦などの水に囲まれ、米作の比重が比較的高く、江戸との水運にも恵まれていた。西部では畑地が多く、綿作をはじめ商品作物の比重が高かった。水戸藩領が中心の北部でも畑作が多かったが、南部や西部に比べれば交通の条件が悪く、経済的にはやや遅れた地域であった。ここでは、そうした地域別の格差を考慮せず、茨城県全体の農業を全国のそれと比較して見ていく。

茨城県農業における地帯区分は、『茨城県農業史』第三巻（茨城県農業史研究会編、茨城県農業史編さん会、一九七八）が次のように整理している。茨城県は南部米作地帯（鹿島、行方、稲敷、北相馬の四郡）、西部畑作地帯（真壁、結城、猿島、筑波、新治の五郡）、北部畑作地帯（東茨城、西茨城、那珂、久慈、多賀の五郡）に三区分され、今回考察の対象とする鹿島、行方両郡は南部米作地帯に入っている。

明治になっても、一八七七（明治一〇）年頃までは、茨城県の経済状態は幕末期と大差のない状態であった。一八七九年に発行された『茨城県治一覧表』（茨城県）によると、一八七八年の茨城県の有業人口は五七万一千人で、このうち農業人口は五一万七千余人と全体の九〇％を超えている。人口の圧倒的多数は農民であり、しかも農村では自給自足的な現物経済が支配的段階にあった。しかし地租改正による金納地租を契機として、農民は必然的に商品経済の波に呑み込まれていった。

地租改正は新政府の財政基礎を確立するうえで最も重要な施策であった。旧来の年貢負担者の土地所有権を認め、地価の三％（一八七七年に二・五％）を土地所有者に課税する、というものであった。この地租改正では旧貢租とほとんど変化がなかったので、全国至るところで農民の不満がくすぶっていた。一八七六年には和歌山、三重、茨城で反対の一揆が起きた。茨城では真壁、那珂郡下の一揆が知られており、維新政府の首脳たちに大きな打撃を与えた。

それまで、茨城県域の農村では自給自足の色合いが濃く、商品生産が十分に発展しているとは言えなかったが、金納地租は生産物の商品化を強制するものであった。商品経済が未発達な地域では、地租を払えない農民は米穀・肥料商を兼営する地主や商人・高利貸し資本に収奪され、土地を失って小作農へ転落していった。

地租改正が終了した明治一〇年代後半から二〇年代なかばにかけて、茨城県の小作地は急速に増加した。県下の小作地比率は、一八八六年が二七・七％であったのに対し、一八九六年には三四・六％（同年の全国平均小作地率は四〇・七％）、一九一一年には四五・五％と増大した（一八八六年以前の統計数値はない）。大正期に入っても畑の小作地の増加は著しく、一九二一年の畑の小作地率は四八・一％と全国平均の四〇・二％を大きく上回っている。

わが国における地主制の確立は、日清戦争から日露戦争のあとで、一八九七（明治三〇）年から一九〇七（明治四〇）年にかけて日本資本主義が確立する時期であった。地主は寄生地主とも言われた。地主の多くは高率の小作料に依存し、あたかも小作人に寄生するかのような印象を与えたことからである。地主は、農村内に住む在村地主と都市などに住む不在地主に区分される。寄生地主と言われるのはわが国だけである。

その後の茨城県の農業人口の比率の減少を全国のそれと比較してみよう。全国の第一次産業人口の比率は一八八〇年の八二・三％（うち農林業七五・四％）から一九一〇年の六三％（農林業五三・九％）にまで減少したのに対し、茨城県では一九一〇年が七七・六％と大きな格差が生じている。茨城県は依然として農業県であることを示している。

農業生産力ではどうか。

まず、水稲の反当収量を見よう。明治前期の茨城県における反当収量は全国第三九位（地租改正期）で、茨城県より低い水準にあるのは青森、岩手、鹿児島、宮崎など東北と南九州の諸県であった。茨城が低いといっても、明治なかばまでは全国平均とは数％の差でしかなかった。しかし明治の後半になるとその差は二〇％を超え、茨城県の遅れは決定的となった。

湿田が多い茨城では乾田化が進まず、水田の二毛作率が低かった。一九〇三（明治三六）年の全国平均は三五・五％であるのに対し、茨城はわずか三・五％にすぎなかった。

農業生産性を示す重要指標の一つである牛馬耕の普及率についても同様である。牛馬耕とは、牛馬に犂を引かせて田畑を耕すことであり、その導入と普及は、労働力の省力化や地力の増進の面で、近代日本農業の技術革新のなかで極めて重要な意味を持っていた。

牛馬耕の普及率は一九〇三年の水田の全国平均が五二・三％であるのに対し、茨城はわずかに三・九％にすぎず、畑でも全国が三一・七％であるのに茨城では八・七％と岩手に次ぐ低率であった。東日本では、群馬、埼玉、栃木が高く、八〇ないし六〇％以上の高率であった。茨城では、明治四〇年代に県や農会は盛んに牛馬耕を奨励するが、あまり効果は上がらなかった。

二毛作率や牛馬耕率の著しい低さは、湿田が多いという土地条件にもよるが、養蚕が盛んだった群馬や埼玉などと比較して茨城は商業的農業への展開が遅れ、労働力の省力化の要請が乏しかったことと、牛馬耕を可能とする農家の牛馬保有状況が少なかったことの結果でもある。

県は農業政策の柱として、農業生産力向上のために県南、県西地区を中心に耕地整理事業などを展開するが、そうした努力にもかかわらず、茨城の遅れた農業構造は大正期を通じても大きな変化を見せなかった。

茨城県で農民泣かせの県営米穀検査制度が実施されたのは一九一一（明治四四）年からだが、茨城県産米の品質は一向に改善されず、食糧管理制度が確立する前の東京の米穀市場では、茨城県産米は品質、調整、俵装が悪く、粗悪米の代名詞となっていた。深川の米市場では、最低水準の労働生産性を示す茨城三等米を基準価格として他の県の米の格付けが行われた。

次に、第一次世界大戦前後の茨城の農業を見てみよう。

大正期に入っても、茨城県では農業が高い比重を維持しつづけていた。全国では、鉱工業生産額比率が一九一二（大正元）年の二一・四％から一九二五（大正一四）年には三〇・五％へと増加し、農産物の比率が七五・九％から六六・六％へと減少したが、依然として農産物が総生産額の三分の二を占めているのである。全国について見れば、すでに一九一九年には生産額比率の農工間の逆転が見られる（農産額三五・一％、工産額五六・八％）。

産業別人口構成でも、茨城県における第一次産業従事者の比率は一九二〇年に七五・二％で、全国の比率五四・四％と比較すると、非常に高いと言える。

農業生産性ではどうか。

水稲の反収は大正期全体を通して全国平均の九〇％に達せず、全国でも最低のグループに属していた。水田の二毛作率も依然として低かった。水田の二毛作率は一九一二年で全国の三九・六％に対し茨城は七・三％であり、大正末になってもやっと一三・五％に達したにすぎない。牛馬耕普及率を見ても同じである。一九二四年に二八・四％まで伸びるが、全国平均の五割以下（六七・四％）である。

大正期で変化したのは、農業の商業化と米麦中心の自給的農民経済の商品経済化である。同期の農産物生産額の構成比を見れば、米が減少し、野菜・果物の園芸作物、菜種、葉煙草などの特用作物、養蚕、畜産が伸びている。

田畑小作地率は、一九二五年で見ると、水田で全国が五一・二％、茨城が四九・四％、畑で全国四〇・二％、茨城が四七・四％と、水田では全国平均よりやや低く、畑では一〇％近く高い。

当時の農家一戸当たり耕地面積は全国で一町、茨城で一町二反（一町は約一万平方メートル、一反はその十分の一）と、茨城は全国平均よりやや大きいが、半分は小作地であり、現物小作料＝米が支配的であった。しかも在村地主が多く、その人たちは村の顔役として君臨していた。水田の実納小作料は五〇％を超しており、小説『土』で知られる長塚節の家は大地主だったが、小作料率は六七％と高かった。

明治末から大正期にかけての茨城県の産業政策は、一九一一年の『産業ニ関スル県是』に基づいて進められた。茨城県では「県是」と同時期に「郡是」「町村是」の制定が進められている。茨城県農業の後進性克服が狙いであった。「県是」が勧める施策の中心は農家の副業奨励、地主小作人の協調、小作農の自作農化、産業組合の普及などである。

当時農家の主な生産物（主業）は米と麦であり、それ以外はすべて副業であった。しかし米麦作は農繁期と農閑期がはっきりしており、特に冬場は、山仕事や縄ない、むしろ編みなどの他には農家の仕事はほとんどなかった。江戸時代までは自給自足経済が中心だった農家経済は、明治以降には地租の金納化や商品経済の発展に伴い、主業だけではやっていけなくなり、自作農は自分の所有地を売り、小作化の道をたどっていった。

こうした農村の窮乏化を見て、農商務省は副業の発展を政策課題とし、一九一七年に副業課を設置する。同課は四一年まで存続するが、現場での農家への副業の普及は農会が担った。茨城では、現在も特産品となっている干しいも（甘藷切干）は当時から県の有力な推奨作物であった。

当時の副業の種類は、茨城県の場合には、甘藷切干の他、野菜、果樹、葉煙草、畜産、養蚕、養豚、養鶏などの農畜産物だけでなく、竹細工、縄やむしろ、俵などの藁工品、こんにゃく、製茶などの農産加工品も含んでいた。結城紬すら農家の副業として位置づけられていた。

昭和に入って農村経済に大きな打撃を与えたのは、一九二九年、アメリカ・ウォール街の株式暴落に端を発した世界大恐慌である。翌年春には日本に波及し、生糸市場の暴落として現れた。

特に農業恐慌は深刻で、米価は一九二九年の一石当たり三〇円台から三〇年の一八円へと暴落し、繭価も二九年の一貫当たり七円五七銭から三二年の二円五四銭へと暴落した。茨城の農産物総価格は二六年を一〇〇として三一年には五二にまで落ち込んだ。農家の負債額も大きく、茨城の三二年の農家一戸当たり負債額は八〇一円で、自作農上層の年間所得額を上回る額であった。

農家収入の激減と負債の累積は、東北地方を中心に娘の身売り、欠食児童、高利貸しによる差押さえ、土地の競売、青田売りをもたらし、昭和恐慌は深刻な社会問題をもたらした。小作争議も頻発し、その中身は小作料減免から耕作権をめぐる土地争奪闘争へと展開していく。

こうしたことを背景に、国は戦後の農地改革につながる自作農創設維持事業を開始する。農民の自力更生をスローガンとした農山漁村経済更生運動も一九三二年に始められた。「農村部落に於ける固有の美風たる隣保共助の精神」を利用し、町村民が一致して農村の経済を刷新することがねらいで、具体的には二毛作の増進、自給肥料の増産、米麦の品位改善と販売統制、副業の奨励などが計画に盛り込まれた。

昭和恐慌のあおりによる生糸価格の大暴落（一九二六年を一〇〇とすると一九三二年には三六まで暴落

した）で、茨城では製糸業の経営の多くが破たんし、養蚕農家への影響は甚大であった。その結果として小作化率が増大した。一九二九年の四九・七％から四五年の五六・一％までほぼ連続して上昇している。地主小作関係では、大地主は減少し、一〜三町歩の零細自作地主が増えている。全国一般の傾向としては小作化の頭打ちと停滞化の時期に、茨城では小作地、小作農の増加が続いている。一方、昭和期の水田小作料率は約四三％で、大正期よりも一〇％近く下がり、全国平均（四六％）よりもやや低くなっている。桑の代わりには、葉煙草や甘藷が作付けされていった。

牛馬耕の普及率は昭和に入っても依然として低く、南部米作地帯で二〜三割程度、北部畑作地帯で二割前後である。戦後の一九四六年でも、水田の普及率が四九・九％、畑が一一・四％と、全国平均の水田七四・八％、畑五三・二％にはるかに及ばない（茨城県農会『茨城県農業統計』茨城県農会、各年次）。

昭和期に入ると農業用石油発動機や電動機などが農村に入ってくるが、この普及率も茨城では低かった。この時期に導入が進んだ足踏み脱穀機ですら、一九四一年の普及率は五三％にすぎなかった。

茨城県の後進性を別の面から見てみよう。

県民一人当たりの分配所得は、一九三〇年に全国を一〇〇とすると、茨城はわずかに三八と全国平均の三分の一強で、東京と比較すると八分の一しかなかった。戦後しばらく経った一九五五年頃までこの傾向は続く。分配所得の低さは、農業の比重が大きい産業構造に由来する。

経済企画庁がまとめた総合生活水準は所得、資産額、公共的な施設、文化水準など三〇の指標を総合したものだが、一九五八年の指標で、茨城は全国第四三位、全国平均の七三%であった。東京は一九〇%であり、茨城は東京に近いだけに目につく。電灯や電話の普及率、上級学校の進学率などでも、全国最下位ないしはそれに近かった。

電灯について一つの例を挙げよう。今では信じられないだろうが、一九五七年八月に茨城県東海村で実験原子炉が日本で初めて臨界に達し「原子の火」がともされたときに、東海村の中にまだ電灯ではなくランプで生活していた家があった。今日、この事実は東海村でもほとんどの人が知らないのではないか。

2　戦前の鹿行地域の農業

これまで、茨城県の農業の構造的特質を見てきた。次に、本章の対象である鹿行地域と呼ばれる鹿島、行方両郡の地域的特質と戦前の農業について見ていくことにする。

鹿島郡は、東側は延長約七〇キロメートルに及ぶ弓状の鹿島灘に面し、海岸低地と砂丘、西側には北浦湖岸の起伏のある低地が広がり、南西部では利根川に接している。対岸は千葉県である。

行方郡は、北浦では鹿島郡の対岸にあり、西側は霞ヶ浦（西浦）に面し、半島のような形をした行方台地が大半を占める。南部は常陸利根川と霞ヶ浦の外浪逆浦を隔てて千葉県下総台地と水郷地域に相対している。観光面では、鹿島郡には武の神様を祀り崇敬を集めている常陸一の宮鹿島神宮があり、行方郡にはあやめで知られている水郷潮来がある。

茨城県が編さんした『鹿島開発史』はこの地域を「未開発の処女地」として次のように紹介している。

この地帯は、広大かつ安価な土地と、豊かな水資源に恵まれ、気候温暖、大気清麗、かつ自然美に富んだ未開発の処女地である。県下の平坦地として稀にみる広域の無鉄道地帯であり、道路が頼るべき唯一の交通手段である。この交通条件の不備のため、工業化の波にも取り残され、太平洋戦争期の軍事基地としての敗戦秘史を秘めたまま、今日まで眠りつづけてきた。太平洋の波浪と砂丘と松林に彩られ、神話的な高天原さえも残っている別天地である（鹿島開発史編纂委員会編『鹿島開発史資料集』茨城県、一九八七、三頁）。

鹿行地域は、東京に近いけれども交通の便が悪く、茨城県の中心である水戸や県南の土浦、石岡に行くのにも時間がかかり、地元の人たちですら「陸の孤島」「鹿島半島」と卑称していて、関東地方では鉄道の通っていない珍しい砂丘地域だった。そのため、この地域には第二次産業は発達せず、農業が基幹産業であり、それも、地味はやせていて、普通作物の反収は低かった。鹿島開発以前の鹿行地域は「県下における代表的な後進地域である」（同前、一頁）と言われていたのである。鹿行地域は、後進県と言われた茨城でもさらに後進地域、孤立し、閉鎖された辺境の地であった。

一九六〇年頃からしばらくの間、全国で県史や市町村史の編さんが盛んに行われた。茨城県でも例外ではなく、むしろ例外はないのではないかと思われるほどに、精粗はともかく、どこの市町村でも郷土史家や大学・高校の歴史担当者を中心に市町村の修史事業が行われた。ここでは、鹿行地域の自治体史から、明治から敗戦までの昭和初期の農業に関する記述を見ていく。しかし『茨城県農業史』のような体系的な記述はされていないので、以下に戦前の鹿行地域の農業の特徴がわかる部分を自治体史から抽出する。

夏海村（現大洗町）から波崎町（現神栖市）に南北に長く続いている鹿島郡では、中央部の大野村（現鹿嶋市）を境に、それより北の町村は田が三分の一、畑が三分の二と畑が多く、それより南では田の方が畑よりもやや多い。鹿島郡北部の水田は不整形の谷津田が多い。

中央台地の開墾は明治二〇（一八八七）年ごろから行われ、昭和二五、二六年の終戦後食糧事情の窮迫した時期まで続き、これを最後としてほとんど見られなくなった。この期間に開墾された山林原野は延べ六〇〇町歩にも及び、中央台地の大部分は一度も鍬を入れないところはない。こうした開墾事業に拍車をかけたのは、昭和一二年、日支事変が起こり、次第に戦争状態に入り、アルコール原料としての甘藷切干、食料甘藷、甘藷澱粉の需要が増大したためである（大野村史編さん委員会編『大野村史』大野村教育委員会、一九七九、二二一〜二二三頁）。

一九〇五年から二五年までの旧麻生町の耕地面積を見ると、同町域で小高村の畑が一・八倍、大和村と麻生町が一・五倍に増えており、小高村は面積で一六〇町歩近く開墾されている。いずれも水田面積はほとんど増えていない。第一次世界大戦による好景気により農産物価格が高騰し、農家経済の商品化が進んだことと人口の増加による耕地不足が原因である（麻生町史編さん委員会編『麻生町史　通史編』麻生町教育委員会、二〇〇二、七三九〜七四二頁）。

大野村や麻生町に限らず、鹿島台地と行方台地の開墾は戦後に至るまで続けられた。それだけ未墾の山林原野が多かったことが読み取れる。

明治になってからの農村を支配したものは、実質的には地主階級であった。本村においても、地主の村政支配力は相当に強いものがあり、一般農民の村政参加は不可能の状態にあった。作物は米・甘しょ・豆類・麦・雑穀などで、中心となる作物は米及び麦であった。しかし、本地帯は火山灰珪堝土の低地力であり、加えて畑地は旱魃の被害率が高く、生産力の低い農業であった。こうした困難な農業経営の改善には、当時として経営面積の拡大以外になく、早くから開墾事業が盛んに取り入れられた。この事業も地主層が、国の補助金によって実施したもので、結果としては地主、自作農を保護するものとなり、むしろ小作率はますます高まり、小作農の地位向上には役立たず、農民の階層差がはなはだしくなった。農耕作業は、江戸時代以来、明治になってもあまり変わりなく、一部に農耕牛馬による犂耕が行われたが、おもに鍬・鋤・万能などによる人力作業であった（大洋村史編さん委員会編『大洋村史』大洋村、一九七九、一四九〜一五〇頁）。

鉾田町では、田畑いずれも高率の小作地率で、平均は八二・九％に達する。この数値は、全国的にも相当に高率の部類に属するといってよい。こうした地主制展開度の高さは、同町が幕藩体制の時代から鹿島郡屈指の在郷町として存在してきたことから、ここで蓄積された鉾田町商人の豊富な資金が、小作地の買入資金の原資となったこと等々を背景としている。鉾田周辺には大地主は数少ないが、中小地主が分厚く存在しており、これらの階層が、商工業を兼業しつつこの地域の経済を支配していた（鉾田町史編さん委員会編『鉾田町史　通史編　下』鉾田町、二〇〇一、二〇七頁）。

とはいえ、同じ鉾田町でも小作地率は一様ではない。同町に属していた旧巴、徳宿、諏訪、新宮の村々を見ると、徳宿が七四・六％、巴が七〇％であるのに対し、新宮は三一・六％と半分以下である。

茨城県の地主の多くは在村の中小地主であった。新潟県や山形県に見られた一千町歩地主のような巨大地主はいなかった。一九二四年の県の調査によれば、五〇町歩以上の耕地を有する地主は県内では一〇五人いた。そのうち鹿島郡は一四人で、最大は若松村（現神栖市）の柳川家の二二七町歩、行方郡では四人で、最大は玉造町の宮本家の四〇〇町歩（田一二五町歩、畑二七五町歩）、宮本家の小作人は三三二人で、耕地を一戸平均にすると一・二町歩と、抱える小作人の数もかなり多かった。同家は県内でも最大の地主で、行方郡内だけでなく、新治郡、東茨城郡にも耕地を所有していた。他に百町歩以上では、鹿島郡波野村（現鹿嶋市）の神向寺家（一四五町歩）、行方郡麻生町（現行方市）の高崎家（一五三町歩）がある。鹿島郡中野村（現鹿嶋市）には三人、同上島村（現鉾田市）には二人の五〇町歩以上地主がいた。

周辺の大地主には小川町（現小美玉市）の幡谷家の二九二町歩がある。この時、地主数が鹿島郡より多かったのは結城町（現結城市）、水海道町（現常総市）を含む結城郡で一九人いた。

一九二二年の県内の地主団体数は二五一あり、全国で最大の数であった。次位の千葉県が一〇二だから、二倍以上である。加盟人員も二万人を超え、千葉の一・七倍であった。茨城県地主制の特徴は多数の中小地主の存在にあり、これが戦後の農民運動の激しさに関係していくことになる。

農林省が一九二二年にまとめた『開墾地移住経営事例』によれば、明治以来の開墾地として茨城では二二の事例が挙げられている。行方郡では武田村、玉川村、小高村、麻生町（いずれも現行方市）、秋津村（現鉾田市）の事例が紹介されている。このうち最大のものは陸軍の演習場だった武蔵原（北浦町、現行方市北部）で、原野三〇〇町歩、山林五〇町歩もあった。この土地が民間に払い下げられ、明治末期から大正にかけて開墾と耕地整理が行われた。移住者は周辺の町村からだけでなく、新治郡、鹿島郡の他、山形県、福岡県、栃木県からも来た。開墾地はほとんどが畑となり、耕作地はすべて小作で営まれていた。この時に払い下げられた山林原野のうち一五〇町歩は県内最大の地主であった玉造町の宮本家が買い取っている（北浦町史編さん委員会編『北浦町史』北浦町、二〇〇四、五九一～五九三頁）。

開墾した畑作の中心は大小麦と陸稲、大豆であり、農家の主食は米と大麦を混ぜた麦飯であった。その米は陸稲のうるち米で、甘藷の「茨城一号」と同様に食味は極めてまずかった。開拓の子供たちは学校に行くと、級友から「オカボヤロウ」とからかわれたという。陸稲は目方が軽いので、風呂に入ると身体が浮いてしまうだろう、という意味である。

一九〇七（明治四〇）年頃に玉造町から小川町の百里原に移住した高塚惣兵衛の長男惣一郎が小学生の頃、級友に「百里の連中、不作でろくなもん食ってないから、風呂に入ると身体が浮き上がる」と悪態をつかれた。それに対して百里原の子は「漬物石しょって入るから平気」と言い返したという（東敏雄編『百里原農民の昭和史』三省堂、一九八四、三三頁）。このような話はあちこちで聞いているので、「新百姓」はどこでも「特別な人間」として扱われていたようである。

最後に、前節で見た農業生産力水準を示す水稲の反収、二毛作比率、牛馬耕比率について鹿行地域はどうだったのかを見ておく。これも町村によってかなり差があるが、郡平均の数値で見る。

まず水稲の反収だが、水田の比率が低く、谷津田が多い鹿島郡は大正昭和を通して県平均よりも低い。それに対して水田の比率がやや高い行方郡は大正半ばまでは県平均よりも低かったが、それ以降は一貫して県平均よりも高く、全国水準に達している。

二毛作比率と牛馬耕比率は、県による熱心な奨励にもかかわらず、明治期にはほとんどカウントされないくらいの低水準だった。大正期に入って、いずれも鹿島郡が県平均の半分かそれより少し多い程度だったのに対して、行方郡はいずれも大正半ば以降に県平均よりも高くなる。一九三三年の牛馬耕比率は、鹿島郡が一七％だったのに対し、行方郡は三四％であった。牛馬耕比率は、全般に畑が低く水田は高い。このことは同郡、特に利根川に近い潮来町や北浦周辺の水田で、大正・昭和期に耕地整理（土地改良）事業が進展したことと関連づけられる。同年の潮来町の水田牛馬耕率は実に九七％に達している。県内では、真壁・結城両郡の普及率がきわだって高いが、この地域では養蚕などの商品的生産が古くから発展してきたことを示している。鹿行地域ではめぼしい農家の副業はなかった。

これらにより、水稲反収と二毛作比率、牛馬耕比率はほぼ比例することがわかる。

3 「失敗」した大農場経営――波東農社と弘農社

明治新政府が目指したのは「富国強兵」と「殖産興業」であった。欧米列強と対峙する中で、産業の近代化、資本主義化を推し進めるための基礎は農業生産力の発展であり、施策として農業の改良＝近代化に力が入れられた。さらに、農業生産力の量的拡大のために開墾が重要視された。全国に広がる荒蕪地を開墾し、そこに従来の伝統的な農法とは異なる欧米式の農業を行うことが農業の発展に必要だと考えられていたのである。

一方、明治維新によって武士階級が解体され、士族らの生活は大きく変わった。秩禄処分によって武士の給与であった家禄が奉還され、収入の道を失った士族らは生活困窮に陥る者が増え、反政府的空気が強まっていった。新政府は、これら士族の生活を維持し、生活難からくる社会不安を取り除く必要に迫られた。このために行ったのが士族授産であり、北海道への移住開墾、国立銀行設立の奨励、官有地の安価な払い下げ、授産資金の貸し付けなどの施策があった。政府はこれらの施策によって、士族を救済するだけでなく、殖産興業の担い手とすることも目論んでいた。

茨城県域での士族は約七千人おり、このうち旧水戸藩士族が半数を占めた。このために茨城県では、幕末以来の水戸藩士族の天狗・諸生党の抗争への対策としても士族授産は重視された。県内の授産事業の中心となったのは開墾事業である。士族による開墾事業は一八七〇（明治三）年に始まり、一八八〇年代に本格化する。

士族の救済と欧米式農法の普及とをねらいとした開墾事業は全国各地で行われていった。代表的な事例としては、静岡県の旧幕臣による牧ノ原台地の開墾、山形県の庄内藩士による松ヶ丘開墾、福島県士族による安積郡桑野村の開墾、静岡県藩士による三方原の開墾などがある。その多くは共同開墾であり、「社」または「会社」という名称を用いていた。それは、欧米の社会組織の基本原理となっている資本主義的生産方法を、わが国にそのまま移入する狙いがあったからである。その多くは畑作や牧畜であったが、これは徳川時代の田作に依存する農業構造を改め、綿羊の輸入奨励、新作物、新品種の輸入移植などの商業主義的経営によって新たな形態に変えようとしたものでもあった。

茨城県では払い下げ反別三四七町歩、貸下げ反別六二七三町歩があり、合わせた面積は全国の三〇%を占め、茨城には未墾地が多いということと県が開墾事業を積極的に進めたことがわかる。

鹿行地域の開墾事業で有名なのは、規模が大きかった鹿島郡鹿田原《しかだはら》の波東農社《はとうのうしゃ》（なまって「はどのうしゃ」とも言われた）と行方郡の開墾結社弘農社《こうのうしゃ》である。

波東農社は、旧下館藩士舟木真が中心となり、その一族数名とともに、鹿島郡宮ケ崎村（現茨城町宮ケ崎原）ほか八カ村（現鉾田市）に接する官有荒蕪地約七〇〇町歩の貸与を受けて、一八八〇年に開設された士族開墾農場である。農場は筑波山の東に位置するところから波東農社と名付けられた。

舟木はこれ以前に開拓使や勧業寮の官吏として政府の殖産興業政策を担当し、その経歴と経験を活用して開墾事業を始めた。勧業寮在職中の大部分は牧羊関係の仕事に従事し、特に下総種畜牧場では大きな役割を果たした。舟木がここで目指したのは、西洋農法による牧畜穀作混合農業であった。

舟木は、当初西洋農法をほとんど直輸入で採り入れた計画を立てたため、事業開始に当たっては、大型プラウ、播種機、管理機、除草機などの洋式農具と家畜とを多量に必要とした。農社はこれらの農具と家畜のほとんどすべてを政府や県からの貸与と指導とに依存した。開設当初から馬耕法熟練の農夫二人を内務省農務局（下総種畜場）から派遣してもらっている。経営体は、舟木と共に出資し、行動を共にする特別社員、出資だけの合併社員、もっぱら労働力の提供のみの労働社員で構成されていた。舟木は当初、牧畜の主力を緬羊に置いた。一八八二年には牛二〇頭、馬一八頭、羊四一八頭、ロバ五頭を飼育していた。従事戸数は当初の一二戸から三八戸に増えた。

事業の推移を見ると、一八八〇年から八四年までは農社の草創期で、西洋式の大農法での経営であった。しかし羊の飼育は難しく、羊毛の需要も少なく、牛乳も当時は飲む人は少なく、肉類特に羊肉は需要が限られ、事業は損失の連続と、はじめから困難に遭遇した。松方内閣のデフレ財政政策の影響も強く受けた。

この土地は、もともとは地元農民にとって地力維持のために欠かすことができない重要な入会地（草刈り場）であった。この入会地を明治政府は地租改正によって官有地に組み込むが、農社はこの土地を囲い込み、周辺の農民を締め出し、両者の間に紛争が生じることになる。ここだけではないが、明治初期の開拓事業は農民入会地の犠牲の上に進められていった。

赤字が続いた農社は、一八八四年から八九年までは、牧羊を縮小して牛馬生産への転換を図り、農社の直接耕作を縮小して土地を小作地として貸し付けていった。しかしこれもうまくいかず、大農式農法による収支相償は不可能になり、最後は小作貸付けを専業とする状態に陥った。この間、借金もかさみ、経営悪化とともに社内に対立も生じ、一八九六年に農社は解散した。

農社の設立当初は国や県の手厚い保護があったが、事業は終始不調を続けた。さらに、松方内閣のデフレ政策とその後の農業政策の変更、すなわち日本農業の現実に即した政策――農談会の勧奨、農事巡回教師制度などへ転換し、これまでの政府の士族授産方策は一八八九年を最後として一切の保護政策が放棄されてしまった。

そうした外的要因だけでなく、基本的には十分な畜産物の消費市場を持たなかったこと、そのことを考慮しなかった経営を始めたことにより、事業は失敗したのである。また、農社を構成した多くの社員は士族出身であり、旧来の生活慣習を改め、農業技術を身に付けようとする人たちがいなかったことも災いしている。

すべての社会的現象は、その時代の社会経済的な条件と無関係に生まれ、無関係に消滅するということはあり得ず、波東農社も所詮は時代の産物であり、時代の流れによって消えていったのである。

農社の土地は、出資者や負債整理の過程で資金援助を受けた人たちに分割された。所有者になった人の大半は東京や水戸に住む不在地主であり、地元の人はほとんどいなかった。それら不在地主の土地を購入または借り受けて耕作、開墾していったのは、開拓農民や地元在住の農民たちであった。

この波東農社が経営していた地に移住した農家の中では、新治郡八郷町（現石岡市）出身の者が多い。幕末に北陸地方から常陸に移住してきた「入百姓」の人たちが再びこの地を開墾するために入植した。古くからこの地にいる農家は本田集落を形成し、移住農家が住む新田集落を差別の対象と見ることもあった。

北陸地方からの「入百姓」は、この地域では江戸時代末期の麻生藩でも見られた。天明の飢饉（一七八二～八七年）により北関東では「潰れ百姓」と「手余り地」が増加し、封建権力にとってそれは年貢収入の減少として現れた。農村人口が減少し、農村の荒廃が進んだので、藩では荒廃した農村を復興するための移民政策を積極的に進めていき、勤勉な北陸の浄土真宗門徒を移民として迎え入れていた。浄土真宗の寺院と越中富山の薬売りが仲立ちをしたと伝えられている。

農政学者の櫻井武雄が「村づくり運動のメッカ」と称賛した玉造町（現行方市）手賀新田は越中五箇山（現富山県南砺市）から一八〇五（文化二）年に移住し、入植した人たちが開拓した集落である。当初一三戸だったのが、開拓一八〇年を迎えた一九八四年にはその一〇倍に戸数が増えている。

手賀新田は、もとは霞ヶ浦の低湿地で、葦原であったところを水田化し、水害常襲地帯の困難を乗りこえて新しいムラづくりに成功した。集落の形態は出身地である富山県砺波地方と同じような散居村である。霞ヶ浦の養鯉業（網いけす養殖）は一九六四年に始められ、国の減反政策により水田を養殖いけすに換える農家が増え、水田の四〇％が養魚池になり、獲る漁業から育てる漁業に変わった。一九八七年には八六四〇トンと過去最高の生産量を上げ、全国一の生産量を誇った。しかし、二〇〇三年のコイヘルペスウイルスの流行や、霞ヶ浦の水ガメ化による富栄養化の影響により大打撃を受け、現在ではピーク時の三分の一程度にまで生産量は落ち込んでいるが、ここでの養鯉の多くは手賀新田の人たちが経営していることには変わりがない。

輸入農学を移植した波東農社の大農経営がわずか二〇年足らずで解体していくのに反して、開拓農民の経営は成長を遂げ、今日まで存続しているのである。

士族授産そのものではないが、士族たちが参加して開墾事業を進めたものに、行方郡の開墾結社弘農社がある。弘農社は、波東農社が設立されたのと同じ一八八〇年に、行方郡の開拓のために西洋式農法を採用し、農事改良を主眼として、農産物の生産と家畜の飼育を目的に設立された。同社は行方郡下の原野大生原《おおうはら》、六十《ろくじゅう》塚、小貫《おぬき》三カ所の荒蕪地七七〇町歩余りを開墾した。本社は事業の中心となった六十塚（現行方市）に置かれ、商業担当の分社が牛堀（現潮来市）、出張所が大生原（現潮来市）と小貫村（現行方市）に置かれた。

同社の中心となったのは郡内の戸長層で、各村の指導的な上層農民であり、旧麻生藩士がそれに加わった。この開墾は行方郡民の株式出資による資金で行い、社の土地財産は全郡民の共有物とする定めであった。

経営は、全耕地の半分は本社が農夫を直接雇い、農業技術者の指導により耕作し、残りは小作地とする方策であった。いずれの土地も大農法による資本家的経営として計画された。開墾事業では、県が初めから援助と指導を行った。西洋式馬耕法の導入のために下総種畜場から経験者を雇ったのも県を通じてであった。農具も貸与された。

発足当初の社の構成は社員三人、農夫五人、耕馬一〇頭で、大小麦、燕麦、ゴマ、大豆、陸稲などを栽培した。

しかし、郡内での出資金募集の不徹底もあって資金が計画通り集まらず、組織内部の対立や、旧入会秣場《まぐさば》や周辺の村との境界をめぐって紛争を起こし、経営は必ずしも円滑ではなかった。このために当初の目的であった大農場経営は次第に縮小し、移住者に土地を貸与経営させることにしたが、それでも経営不振は続き、同社は一八九五年に赤字を役員が補てんし、払い下げられた土地を出資金高に応じ株主に配分し、農民による大農経営の夢を果たせずに解散した。

弘農社は波東農社と同様に経営に失敗し解散したが、五六〇町歩を開墾したという成果だけを残した。開墾された農地はその後ほとんどが小作人によって耕作され、戦後の農地改革を待つことになる。

農業は自然を対象とし、その地域の自然的個性を活用して、その風土に適した作物や家畜によってそこの風土の持つ力を発揮させ、成り立つ。そのことを考えず、明治政府は欧米の大農法をわが国に直輸入しようとした。しかし、夏に高温多湿となるわが国の気象条件のもとでは不適であった。また、波東農社、弘農社とも政府のさまざまな援助があったにもかかわらず、大農法による開墾事業は結局失敗に終わった。従来から営まれてきた、小農民の家族労働に基づく勤勉性をもって、地域資源を活かしながら土地生産性を高めていく農法の方が勝っていたということである。伝統的な零細農耕性のわが国に、欧米式の大農法を接ぎ木しようとした政策が失敗したのは当然であったといえよう。

当時の茨城県は、士族開墾事業とは別に、豪農層を対象に、農業技術や経営を中心に農談会、農事講習会、共進会などを開き、多肥型の小農経営による勧農政策を進めていった。

この士族開墾事業について桐原邦夫は、「大農法の普及からみると失敗であった。しかし、その後寄生地主制といわれる小作制度の下での小農経営という形で農業生産は確実に進展を見せている。この面から考えれば失敗ではなく、日本資本主義の形成に大きく寄与した。ここには巨大な寄生地主が何人も誕生している。士族は、当初期待されていたとおりの役割を果たすことにならなかったにしても、政府の殖産興業政策の重要な担い手であり、歴史的意義は大きい」という妥当な評価を与えている（桐原邦夫『士族授産と茨城の開墾事業　茨城大学五浦美術文化研究所　五浦歴史叢書5』岩田書院、二〇一〇、一七一〜一七四頁）。

桐原の評価のように、士族授産政策は、開墾、大農法の普及という当初のねらいは失敗したが、わが国全体では農地面積の増加、綿糸紡績、メリヤス製造、セメント、発電など新産業の展開に貢献した。さらに、静岡の茶、岡山の綿糸紡績、福岡の久留米絣、名古屋コーチンを産んだ養鶏業など地場産業や特産品の開発は士族授産が契機となった。

【註】　本文中の統計数値は、『茨城県統計書』、『茨城県農業統計』（茨城県農会）各年次、『改訂日本農業基礎統計』（農林統計協会、一九七七）、『都道府県農業基礎統計』（農林統計協会、一九八三）、渋谷隆一『都道府県別資産家地主総覧　茨城県編』（日本図書センター、一九八八）を用いた。

第二章　常東農民運動の成果と終焉

1　戦前の山口武秀

　戦後のわが国の農民運動の歴史の中で、評価はいろいろあるにせよ、常東農民運動の重みは際立っている。また、茨城県の戦後の政治でも特異なものであった。そのことは後述する。

　一九七一年一月、私は茨城県鉾田町（現鉾田市）にあった鹿島砂採取企業組合の事務所で、山口武秀（以下武秀）から戦後の常東農民運動などについて話を聞いた。当時、三一書房編集部にいた学友の三宅義子（のちに山口県立大学教授）は武秀のことを「いぶし銀のような人」と形容していた。会ってみてなるほどと思った。話はよどみなく、活字にすればそのまま原稿になるような話し方だった。武秀は、関わった運動、闘争が終わったのちに総括文書とも言える著作、論文を書いている。だから、それらのすべてが整理され、頭に入っていたからなのであろう。ここでは、のちに常東王とも山口天皇とも呼ばれた山口武秀が戦前にどのようにして育っていったのかを見る。

武秀は、第一次世界大戦が始まった一九一四(大正三)年、茨城県鹿島郡新宮村(現鉾田市)安塚に七人兄弟姉妹の六番目の長男として生まれた。生家は、百俵の小作米を受け取る田畑と二〇町歩の山林を持つ地主で、薪炭類を運ぶ廻船問屋を営むかたわら、高利貸でもあった。

一九三一(昭和六)年、県立鉾田中学四年在学中に実姉から思想的影響を受け、上級学校進学に反対する父親と衝突、中学を四年で中退し、上京した。翌年、革命の実践運動に入る決意を固めて帰郷し、村に「友の会」を組織、七〇人を集め、機関紙「アサヤケ」を発行した。「友の会」を結成して二週間後、会員の手で鹿島・行方両郡に電気を供給していた北浦電気(株)に対して「電灯料金を五割まけろ」という宣伝ビラをまき、実践活動に乗り出した。また、行方郡武田村(現行方市)で起きた地主の土地取り上げ反対闘争に入り、勝利に導いた。

武秀が農民運動に身を投じた動機は何だったのか。全国農業協同組合中央会が発行している『農業協同組合』のインタビュー記事で武秀は「小地主の家に生まれて、恵まれた環境で育ってきた生活環境のなかから、農民の無権利と経済的貧困からいかにして農民を解放するか、ということが頭のなかにいつの間にか焼き付けられ、そこからわたしの生きていくための基準ができあがってきた」と語っている(『農業協同組合』一九七一年一月号、全国農業協同組合中央会、一九七一、一一七～一一八頁)。

武秀が実践運動に身を投じたこの時期の日本は、一九二九年のアメリカ・ウォール街の株価暴落に端を発した世界大恐慌の影響をもろに受け、生糸価格の暴落や植民地米の大量流入による米価の下落などの影響が小作農民に襲いかかり、東北地方などでは娘の身売りが社会問題となっていた。武秀の電灯料値下げ運動や小作地の取り上げ反対闘争は当時の農業危機の具体的な現れであったと考えられる。

武秀は一九三三年に日本共産党に入党し、三四年春に全国農民組合（全農）総本部のオルガナイザーとして千葉県栗源町（現香取市）の小作料減免闘争を指導し、組合員三〇人とともに闘い、小作料八割五分の減免を勝ち取った。この時、学童の同盟休校等の戦術を駆使し、経験を積んだ。

武秀はこの初陣で、「すぐれた作戦、機を逸さない攻撃、交渉における気合、一騎打ち的な勝負の要素、広範な大衆闘争の基礎となる全人間的力量を学び、いかなる状況でも組織は作れる。常に自ら組織を作り、闘争を展開しないのは革命家ではない」という信念を強めたという。

一九三七年に鹿島郡軽野村（現神栖市）で小作争議を指導、全農茨城県連書記長になった。委員長は菊池重作だった。

一九三八年秋、治安維持法違反で懲役三年の判決を受け、控訴せずに服役した。武秀は刑務所で風船張り作業に挑戦した。最初は一日で七〇個しか作れなかった。それが一七〇個になり、規定の二四〇個を超え、三百個に達し、ついに四〇〇個近くにまでなった。「自分の能力に挑み、自分の能力を鍛え、それを通じて無我の境地を味わうことができた。原体験の一つだ」とのちに述懐している（山口武秀『わが青春を賭けたもの』三一書房、一九六九、八八頁）。

武秀は神経を研ぎ澄まし、今何が最重要課題なのかを瞬時に判断する能力を持つ直観の鋭い人であった。武秀は刑務所の独房も自分の学ぶ場、自分を鍛える場にしてしまった。のちに私に「生涯でもっとも大切にしたいのは、水戸刑務所の獄中生活」だったと語っている（同前、一二五頁）。

山口は一九四〇年六月に仮釈放になり、保護処分のまま敗戦まで生家に住む。鶏を飼い、翌年には炭焼きを始めた。妻ひでは産婆を開業、新宮村産業組合（のちに農業会）、藤田組に勤務し、飛行場建設の資材係を担当、敗戦の年には松根油製造までやった。軍隊に二回召集を受けたが、いずれも戦地に行くことなく、召集解除になった。

2　戦後すぐに農民運動を開始

一九四五年八月一五日の一週間前に日本が敗戦になることを確信した武秀は、その日の夜に活動を開始し、友人に村政改革運動を起こす相談をした。物資隠匿や配給物資の不公正な分配など村役場や農業会の腐敗は目に余るものがあり、運動を起こす素地はいくらでもあった。同月三一日には村内の中堅壮年層五〇人を集め、「正論会」を作った。当時の首長は現在とは違い、議会で選んでいた。その翌日から村長辞任の動きを始め、村長は退任し、後任の村長に会の推す人を選んだ。電光石火ともいえるこの動きを武秀は「戦後における日本で最初の村政民主化運動」と評している。

同年一〇月には、武秀は自宅に戦前の農民運動の活動家五人を集め会合を開き、その結果、戦前の旧同志たち十数名が磯浜町（現大洗町）で会合を開くことにし、そこで農民運動の今後の進め方などを協議した。この会議には農業経済学者の栗原百壽も参加していた。

武秀が始めた村政改革運動は土地問題を中心とした農民組合運動へと展開し、一一月に日本農民組合の支部が新宮（組合員三〇〇名）、磯浜（同二〇〇名、主導者は立川光栄）に結成され、①土地取り上げ反対、耕作権の確立、②耕地闇売買の禁止、③小作料五割減、金納化、④供出の民主化、地主保有米の廃止、⑤役場・農業会の改革、⑥山林・原野・軍用地の解放、を決議した。これらの決議の背景には、この年が長年にわたる戦争の痛手も重なり、大凶作で食糧事情が極端に悪い年であった。そのために、闇の高値で小作地を売り逃げしようとする地主や、食糧難や小作料の金納化に伴う飯米確保を理由に小作地の返還を迫る地主の増加、戦地からの復員者、徴用解除者、失業者などで帰農する者が増え、小作地を取り上げる、などがあった。この二つの農民組合は県内では初めての農民組織となった。またこの時点では日本農民組合の支部と言いながらも日本農民組合は結成されていなかった。ここに、県下における戦後初めての農民組合が誕生した。

新宮村の農民組合は早くも一二月には「小作料の五割減、地主保有米の廃止、耕作権の確認」の要求を地主側に要求し、村長立ち合いで団体交渉を行い、「小作料四割減、金納化、地主保有米は七割減、耕作権の確認」を実現した。新宮村に続いて農民組合が作られた鹿島郡大同村（現鹿嶋市）、同郡秋津村（現鉾田市）、同郡徳宿村（現鉾田市）、行方郡武田村（現行方市）でも同じ戦法で同様の要求を地主側に突き付け、実現させた。しかしこの小作料減免の闘いはこの年だけで終わった。翌年には金納、低率化して問題とはならなかった。

新宮・磯浜の日農支部を基点にしながら鹿島、行方、東茨城、西茨城のいわゆる常東四郡（西茨城郡を除いて常東三郡とも言われる）各地で農民組合の組織化が急速に進展し、わずか三カ月足らずで一五支部、組合員四千人の規模に達する。翌一九四六年一月、鉾田町で七〇〇名が参加し、一五支部の総会が開かれ、常東農民組合協議会（常東農民組合）が発足した。大会宣言には「連合軍より農民解放の指令は発せられた。しかるに何ぞや！　地主は身勝手にも土地取り上げに狂奔し、法外なる闇価格をもって耕地売り逃げを急いでいる。官庁、既成農業団体もまたこの事実を熟知しながら、何ら為す所なく農民の犠牲を黙視している。我々はここに憤起した。五千の農民は常東農民組合を結成した」（山口武秀『旗は大地とともに』情況出版、一九七一、三二頁）と高らかにその意気込みが盛り込まれている。また、宣言に盛り込まれた主張は先ほどの新宮・磯浜支部結成総会の決議と同じである。

菊池重作も水海道町（現常総市）を拠点とし、県南西部で常総農民組合の結成に乗り出し、農村民主化の当時の気運のなかで、農民組合は燎原の火のように県下に拡大していった。

二月に東京で開かれた日本農民組合結成大会には常東から三十数名の代議員を送り、正式に日農に加入した。同じ二月に日農茨城県連合会も結成され、菊池が委員長になり、山口は書記長に就任した。

3　農地改革の進展

一九四五（昭和二〇）年一二月九日、連合国軍最高司令官総司令部（ＧＨＱ）のダグラス・マッカーサーは日本政府に「農地改革に関する覚書」（いわゆる農民解放指令）を送り、「数世紀にわたる封建的圧制の下、日本農民を奴隷化してきた経済的桎梏を打破すること」を指示した。教育改革、労働改革と合わせて、ＧＨＱによる日本の民主化政策の一環として行われた。

農地制度の改革は財閥解体や労働組合結成の承認などの他の政策とは異なり、この時に突然出てきたものではなく、戦争を進めるためには地主制が桎梏となりつつあり、地主の収奪の一部を国家財政に取り込み、食糧確保政策の必要もあった。一九三八年の農地調整法、翌年からの小作料統制令、臨時農地価格統制令、食糧管理法など統制が次々と強化され、地主の権利は大きく制約されていた。農林省内部でも準備検討を重ねており、同年一一月に農地調整法改正案（第一次農地改革）が国会に出されていた。しかしこの改正では小作料の金納化と農地価格を決めただけだったので、ＧＨＱの反対により実施に移されなかった。その後は、ＧＨＱ総司令部の主導のもとで第二次農地改革が進められていった。

その内容は、「①不在地主の小作地のすべて、②在村地主の小作地のうち、北海道では四町歩、都府県では一町歩を超える全小作地、③所有地の合計が北海道で十二町歩、都府県で三町歩を超える場合の小作地は政府が強制的に買い上げ、実際に耕作していた小作人に売り渡す」というものだった。また、小作料の物納が禁止され、農地の移動には農地委員会の承認が必要とされた。市町村段階で農地改革の実務を担当したのは農地委員会で、農地委員は小作、地主、自作の各階層から選挙で選ばれた。

では、農地改革開始時（一九四六年四月）の県内の農地および農家構成はどうだったのか。農地面積は田畑合計で自作地が九万四〇〇〇町歩、小作地が一一万九〇〇〇町歩、合計で二一万三〇〇〇町歩だった。小作地の比率は田が六一・六％、畑が五一・八％、合わせて五六％だった。これを全国平均と比べると一〇％も上回っている。

全国平均の小作地率が最高のピークを示すのは一九三〇年の四八・一％で、その後漸減に転じるが、本県の場合は同年に五〇％台に達し、以後低落することなく上昇しつづけた。武秀の主戦場である常東四郡の小作地比率は、行方郡がもっとも高く六四・八％と三分の二近い高い数値を示していた。次いで鹿島郡が六〇・一％と高く、東茨城郡の四九・九％、西茨城郡の三九・〇％は県平均よりも低かった（農地改革資料編纂委員会『農地改革資料集成　第一一巻　農地改革実績編』農政調査会、一九八〇、二四〇～二四七頁）。

小作地の面積は、北海道を別にすれば新潟県の一二万八〇〇〇町歩に次ぐ広さである。新潟県は地主王国と呼ばれたように巨大地主が多かったが、本県の場合は在村の中小地主が多く、それだけ地主制の支配は強かった。

地主支配の内訳を見ると、五〇町歩以上所有する大地主の土地所有が支配的な集落は一二・八％（都府県八・五％）、中小地主が支配的な集落は四五・二％（都府県三四・四％）である。しかも中小地主のうち「ほとんど小作農」が集落内にいるものが五六・六％（都府県五三・一％）である。このことから、茨城県の地主的土地所有の特色は、広汎な小作地を集落内の中小地主が支配していた、と言える。

農地改革開始前の自小作別農家数を見ると、貸付耕地一町歩以上を所有し農業を営む者六・三％、自作一八・二％、自作兼小作（自作面積が小作面積より多い）一六・六％、小作兼自作（小作面積が自作面積より多い）一九・一％、小作三九・五％と純小作農が四割近くを占めている。一戸当たりの耕作面積は全平均で一・一町歩である。

4　強権発動、土地取り上げ反対闘争

一九四五年、茨城県の米の生産量は一二〇万石（一八万トン）だった。壮年の男子は戦地に駆り出され、生産資材の払底、天候の不順などが重なり、一九〇五（明治三八）年以来の大凶作となり、前年比で六四％、戦前の最高収量を記録した一九三九年の四七％にすぎなかった。敗戦により朝鮮や台湾などの外地から食糧は入らず、海外からの引き揚げ、復員などにより国全体が極端な食糧不足となった。成人一人一日の必要カロリーは二四〇〇キロカロリーだが、配給だけでは一〇〇〇キ

ロカロリー程度でしかなかった。その配給も米はひどい時には半分程度で、サツマイモが代用された。悪名高い「茨城一号」は、本来はアルコール燃料用だったが、収量が多かったので農家はそれを供出に回し、それがあまりにもまずかったので、消費者から総スカンを食った。『潮来町史』(潮来町史編さん委員会編、潮来町、一九九六)は、「茨城一号の平均反収は七三〇貫で、一九四五年の甘藷の平均反収二五八貫の二・八倍になる。茨城一号は頑として美味しい調理法も処理法も拒絶し、誰も名案を案出できなかった」(同前、七一九〜七二〇頁)と書いている。

この食糧危機を突破するために、一九四六年二月に警察力を使った「強制供出制度」が設けられ、個々の農家に強権発動を行うようになる。この制度は米軍憲兵の支援を得ていたことが多く、「ジープ供出」と呼ばれていた。

この強権発動に常東農民組合はすぐに反応した。まず、組合のある町村で強権発動反対の大会を開き、二月に県知事が供米督励で町村役場を歩いた際には、多数の組合員が待ち受け、逆に地主保有米の撤廃を要求し、土地取り上げや農地の闇売買の取り締まりなどを知事に迫るなどした。三月と四月には県民大会を開き、知事と団体交渉を重ね、強権発動を撤回させることに成功した。

農地改革が進むなか、いたるところで農地の解放を免れようとする地主の土地取り上げが始まり、農民組合のないところでは小作人は泣き寝入りさせられた。しかし常東農民組合に組織された農民たちは耕作権を主張し、地主側と闘い、勝利した。

新宮飛行場の敷地三〇〇ヘクタールが戦後まもなく、地元農民の知らない間に製塩業者に払い下げられていた。この土地は民有地を国が強制的に買収し、造成したものだった。それを知った組合の新宮支部は農民大会を開き、県、大蔵省、製塩業者と交渉し、この土地を奪還した。このような動きは組合参加の町村で各地に見られた。

常東の組織活動は連戦連勝とはいえ、絶えず地主などの激しい抵抗のなかで進められていった。それだけに、組合に加入し、活動するには農民もかなりの決意が必要だった。しかし、組合に加入し、活動すればそれだけ自分にプラスになることが具体的にわかったこともあって、常東の運動は強かった。

常東農民組合の結成から一〇カ月経った一九四六年一一月、鉾田中学講堂で第二回大会が開かれ、三千余の参加者で会場は埋めつくされた。雨の中、合羽を着て立つ農民も数百人あったという。この大会の中心議題は農地改革の徹底的遂行だった。この大会の時、常東の支部は六〇余、組合員は一万四〇〇〇名だった。本部直属の常東青年特別行動隊（最初の隊長は市村一衛）も組織されていた。組織の拡大はその後も続き、一九四七年一一月の第三回大会の時には支部が一〇五、組合員が二万五〇〇〇名となった。

5　未墾地解放闘争

常東の運動の狙いは農地だけではなかった。鹿島行方両郡には膨大な平地林があったが、第二次農地改革では山林解放は含まれていなかった。しかし常東では農地改革以前の段階から山林すなわち未墾地解放の主張を掲げていた。当時、山林は、防風や薪炭、堆肥に利用するなどのために農民の生活からは切り離すことができないものだった。開墾すればすぐに畑にもなった。先に触れた新宮での軍用地奪還闘争によってその具体化が進み、一九四六年九月に行方郡要村（現行方市）で、一三〇日の長期戦により五五町歩と七〇町歩合わせて一二五町歩の解放が実現した。要村では、「闘ったものが闘ったものだけで解放地を分配するという農民管理方式」により配分を決定した。この前後を通じて、武田、橘、白河、鉾田支部も同じ闘いを進めていた。玉造町、北浦町（いずれも現行方市）、鉾田町（現鉾田市）にまたがる武蔵原八〇〇町歩の解放もその直接の影響による。

この未墾地解放闘争について武秀はのちに、「常東の諸闘争のなかでもっとも激烈な闘いであり、強力な交渉、実力的な大衆行動が繰り返し展開されていった」と評している（青木恵一郎『日本農民運動史　第五巻』日本評論新社、一九六〇、四三三頁）。

常東農民運動の初期のクライマックスは「幡仙闘争」である。東茨城郡小川町（現小美玉市）の幡谷仙三郎（幡仙）は県下屈指の財閥で、多くの事業に関係し、先代仙之介の時代には約三〇〇町歩の小作地（農商務省編「五十町歩以上ノ大地主」、一九二四）と数百町歩の山林を所有しており、農地だけで見れば県内最大の地主である玉造町の宮本庄治郎の四〇〇町歩に次ぐ県内地主勢力の中心的存在であり、県農地委員の地主代表でもあった。さらに、知事の友末洋治と姻戚関係にあった。当時、幡谷は常東に対抗する地主連合を作ることをもくろみ、防御体制を固めつつあった。

一九四七年五月、「幡仙糾弾闘争」が始まり、三日間、連日一〇〇〇人余の組合員が小川町に集まった。常東の組合員は姿を消した幡仙をあちこち捜し、三日目に現原村（現行方市）役場で捕らえ、交渉の結果、幡仙は、未墾地・山林の解放については日農に協力する、日農に敵対行動はしないなどの誓約書を書き、常東が勝利した。この幡仙闘争における常東組合員の大衆行動は、この地域の全地主を震撼させ、茨城県全体にも大きな政治的影響を与えることになった。

なお、『小川町史』には農地改革と「幡仙闘争」についての記述はないが、小川町農地委員会で実務を担当した窪田政太のまとめた『小川町農地改革史』が残っている（茨城県史編さん現代史部会編『茨城県史料　農地改革編』茨城県、一九七七に収録）。

長塚節の『土』でわかるが、わが国の地主小作制度のもとでは、小作農は地主にひれ伏し、まさに「虫けら」のような存在だった。しかし、常東農民組合は武秀らの指導の下に地主と対等の交渉を行っていった。というよりも組合員は地主よりもうわ手だった。地主にとってこのような経験は初めてのことだったが、小作農にとっては「失われていた人権を取り戻す」意味をもっていた。さらに、常東は対地主交渉という実際の運動のなかで活動家を育て、農民を奮い立たせて団結させ、町村の指導権を農民組合の手に移していくことになったのである。

当時は、敗戦のどさくさで国家権力が半分麻痺していたため、交通不便で広大な常東の地には一種の解放区が成立していた。地主宅を襲うときは、先頭が白馬にまたがった委員長の武秀、そのあとにやはり馬に乗った青年特別行動隊が続き、一〇〇人近い農民の群れがついていく野武士の集団だと言われていた。今日では到底考えられない合法・非合法すれすれの実力闘争が可能だった。

この間、武秀は衆議院議員選挙に立候補し、一九四七年と次の四九年に当選し、全国の政治情勢との結びつきを強めていった。組合員から村長に当選した者が七名、組合推薦の村長は一〇名に達し、「常東王国」と言われた。

結局、常東四郡の未墾地解放面積は民有地四五九六町歩、軍用地三四九四町歩、国有地二八六町歩、合計で八三七五町歩だった。これは茨城県合計の四六・六％を占め、二四二四戸の入植者と六六八三町歩の増反となっている。むろん、このすべてが常東農民運動の成果であるとはいえない。例えば解放面積の四一％を占める軍用地は常東の闘争がなくとも解放される性質のものである。とはいえ、常東四郡だけで茨城県全体の五割近くを占めていることは、常東農民組合の力が大きく作用した結果だと評価できる。

6　農地改革の終結

農地改革の結果、全国の耕地面積五百万町歩のうち約二〇〇万町歩が解放された。関係した地主は個人が一二五万戸、法人が一四万、解放を受けた農民は四三〇万戸にのぼる。これは全小作地面積の八七％に当たる。また、小作料の金納化と統制、インフレによって、戦前で五〇％の高率現物小作料は一九四七〜四九年に一〜二％に低下した。自作農は三〇％から六〇％へ、自小作農を含めれば九〇％に達し、小作農は五％に激減した。茨城県の解放面積は八万八〇〇〇町歩に達し、第二位の新潟県の六万九〇〇〇町歩を大きく引き離している。

農地改革は第二次農地改革法（自作農創設特別措置法など）によって進められ、法令の施行から二年半の間に買収面積の九二・四％が完了し、小作地はわずか四％に減少、戦前の小作地のほとんどが耕作者の所有になった。しかも買収・売り渡しの農地価格は戦後の激しいインフレの進行によってほとんど無償没収、譲渡に近いものだった。

こうして、わが国の戦前の農村を特徴づけた地主制は解体し、高率小作料による重圧は消滅、自作農の大量創出が政策として完遂されたのである。農地改革の成果は一九五二年の農地法によって固定化されたが、農業経営規模から見れば、小規模農家が増大し、零細経営がその後も長く維持され、問題を今日まで引きずることになった。

武秀は農地改革と農民運動の関係について次のように総括している。

日本農民運動を形成・成立させる基盤、条件は、農地改革を契機として、その以前とは根本的にちがったものとなった。不完全だとはいっても、寄生地主的土地所有制が解消して、農民的土地所有制があらわれたことにともない、農村の社会矛盾のなかで、土地問題のそれが基本矛盾ではなくなるにいたった。その結果、半封建地主闘争を基本として一定の内容、形態をもっていた、それまでの農民運動が存立してきた基盤は、大きくうごいてしまった（山口武秀「農民運動はどこでつき当っているか」農民運動研究会編『新しい農民運動』三一書房、一九五六、一四頁）。

農地改革が終結したことを契機に、農林省は財団法人農政調査会にその記録を編纂することを委嘱し、一九五一年に『農地改革顚末概要』が刊行された。この中に、わが国の戦前から戦後にかけての農民運動の歴史、組織形態、運動目標の変遷などが整理されている。その最後にある「終戦以来、反封建運動を基礎として組合組織を確立し、その上で昭和二十三年から大きく反独占に転換して、一般的な農民組合運動の壊滅傾向にも拘らず、尚引き続き活発に動きつつある常東農民組合の動向が注目されている」（一〇五五頁）という記述は注目されてよい。

農地改革の果たした役割を茨城大学の佐々木寛司は次のように整理している（佐々木寛司「茨城県の農地改革と農民運動」『七瀬　鉾田町史研究』第九号、一九九九、三七〜三八頁）。

第一に、地主的土地所有を解体し、自作農を大量に創出したことは、かつての地主－小作間の階級対立を沈静化させ、社会主義勢力と農民の結合関係を断ち切る役割を果たした。それだけでなく、無産者層が小土地所有者へと転化したため、反体制意識が希薄となって、逆に社会主義に対する反対勢力となり、保守政権＝資本主義体制の支持層へと転化した。こうして農民は保守政権の一大票田を形づくることになった。

第二に、農民の大部分が自作農化することによって、かつての高率小作料から解放され、相対的に安定した収入確保の途ができあがった。このことにより農民の購買力が上昇する要因となり、戦前の狭隘な国内市場が大幅に拡大することになった。同時に、この改革によって量的に拡大した自作農的小農経営が、肥料の大量投下による生産力の向上を指向した結果、化学肥料を生産する独占資本の収奪の対象ともされた。常東の反独占農民運動はここを基盤とする。

第三に、政府の低米価政策を支えるために、相対的に安定した農家経済が利用された。戦後の高度経済成長の一因たる低賃金労働力の確保が、この低米価政策によって可能となった。農地改革の結果、かつての高率小作料から解放され、相対的に安定した収入を確保しえたからこそ、低米価政策にも耐えることができた。

佐々木のこの分析は今日に至るわが国の農業構造を表している。

7 常東の「反独占」闘争への転換

農地改革が一段落し、多くの農民の悲願だった「土地を農民へ」というスローガンが実現した。農地改革の終了は土地闘争の終わりを告げ、運動の目標を失った農民運動は全国的に沈滞期に入り、組織の分裂が起こった。日本農民組合は一九四八年には大会を開くことができず、翌年には主体性派（社会党系）と統一派（容共派）に分裂した。常東は後者に所属した。茨城県でも、武秀らの日本農民組合の運動方針を不満として全国農民組合の茨城県連合会が生まれ、一九四九年には日本共産党が反独占を唱えていたため、武秀ら常東の幹部らが大量に共産党に入党した。そのことによって、日農茨城県連が分裂した。その後常東は「反独占」の方針を掲げ、「反封建」を主張する共産党と対立し、五一年に武秀らは除名され、以後常東農民組合は共産党との関係を断ち切った。

そうしたなか、一九四八年三月に常東の農民に税金旋風が襲った。申告者の七割に所得税の更正通知が届いた。常東農民組合はただちに税金闘争を組織した。麻生、水戸、龍ケ崎等の税務署に組合の臨時出張所を設け、常任が出向き、更正決定の取り消し、税額の減額のための闘争を続け、ほとんどの要求が通った。反対運動や抗議行動には多くの女性が動員された。常東農民組合は、小作料に代わって新しい農民収奪として現れてきたのが税金だという捉え方をした。中間派の農民や商工業者も常東農民組合に同調し、指導を求めてきた。

一九四八年一一月の第四回大会で、常東農民組合はこれまでの小作農中心の組織から全農民の組織へ転換することを宣言し、運動の比重は土地闘争から経済闘争に移っていった。常東農民組合の現場では、土地改良、治水、村政、電気導入、教育、供出、税金などの諸闘争が組織され、寄付、農地、山林、採草地、開拓、道路、災害復旧、販売、補助金、共済、労賃、農協なども闘争目標として決定された（五二年の第七回大会）。

同年一二月の第八回大会では、その名称を常東農民組織総協議会（常東総協）と改め、農産物価格問題を前面に押し出して、これまでの小作人組合型の単一農民組合方式を改め、要求別組織形態をとることを鮮明にした。それは、農地改革で土地を取得した一般農民の方向が、経済の変化の中で農家経営と農業改良に向かっていっていることを反映した動きであった。

一九五三年七月、常東総協本部は甘藷価格闘争を、次いで翌年一月に営農資金獲得闘争を計画、実行して注目すべき成果を挙げた。当時鹿島郡は県内随一の甘藷生産地で、九六二万六〇〇〇貫を生産し、県全体の二五・四%を占め、行方郡の六・三%、東茨城郡の九・五%を合わせると、県内生産量の四一%を占めていた（茨城県農村部「茨城県の甘藷統計」茨城県、一九五七）。鹿島郡諏訪村（現鉾田市）のごときは全畑作面積の六五%が甘藷生産に当てられていた。また、澱粉工場数は鹿島郡が一〇九、行方郡一五、東茨城郡九、合計一三三工場で、県内合計一六〇工場の八三%を占めていた（一九五六年、茨城食糧事務所調べ）。

まず、当時の甘藷の取引が実際にどのように行われていたのかを見ておく。生産農家の甘藷は、澱粉工場のためにうごめく仲買業者や、仲買人の意識的な買い叩き、駆け引き、契約変更、契約違反、代金の遅延や不払いなど不当な取引のもとで、不等価交換を強制させられていた。澱粉業者や仲買人は取引条件などをあいまいにして、自分たちに有利な価格で買い叩いていたということができる。また澱粉業者は農村部でかつての地主が多く、そこで働く季節人夫はかつての小作農だった。したがって、以前から農民と業者や仲買人との間では絶えず対立紛争が起こっていた。

常東総協本部は大衆動員のもとに茨城県澱粉協同組合に対して甘藷価格の団体交渉権を獲得し、農協組合長会議の支持を取り付け、一俵当たり（一二貫目、四五キログラム）平均五〇円（約二割）の相場協定を結んだ。この間、一千人規模の甘藷生産農民大会を開き、闘争を盛り上げた。この年の闘争には鉾田町を中心に三十余町村、二万余人が参加し、甘藷価格闘争は一九五六年まで続けられた。

甘藷価格闘争が一定の成果を収めることができたのは、甘藷の価格が地主、自作、富農まで含めた全農民の最も大きな関心事であるという畑作地帯の特殊性、農協、開拓農協との共同戦線の結成に成功したこと、闘争の直接の対象である澱粉業者がほとんど鉾田町近傍に集中しているという地域的特性に基づいている。この闘争によって、悪質な仲買人が少なくなり、中間搾取や業者の不当な買い叩きがなくなった。

しかしその後澱粉の需要が頭打ちになり、価格の安い輸入澱粉や外国産トウモロコシを原料とするコーンスターチの生産が飛躍的に伸びたため、澱粉工場は農協系を含めて軒並み赤字になり、次々に閉鎖され、茨城県では二〇〇五年にすべての工場が閉鎖され、それにともない澱粉用甘藷の生産もなくなった。

現時点でもう一つ言えることは、この闘争の標的にされた澱粉工場はすべて地方の中小資本であり、常東総協が闘争の対象として謳った独占資本ではなかったということである。甘藷澱粉の用途の大半は菓子用水あめで、この水あめの最大の買い手は明治、森永の巨大菓子資本だったが、闘争はここまでは及ばなかった。

甘藷価格闘争で成果を上げたこの年は、異常低温による冷害のため、水陸稲の被害は甚大で、茨城県の被害額は約一〇四億円と見積もられ、農業生産高のほぼ二三%にのぼるといわれた。なかでも稲敷・行方郡は早場米地帯であり、被害は大きかった。農家には営農資金が貸し付けられることになったが、一般農家一五万円、畜産農家一八万円を限度とするなど農民の借入資格や額に条件が付けられていた。茨城県への貸付資金割当額は約一〇億円といわれていた。

常東総協は一九五三年一二月の第九回大会で営農資金獲得闘争に取り組むことを決定し、町村単位の営農資金獲得同盟を闘争の核とした。その代表者には、町村長や農協組合長、農業委員会長、町村議会議長などを取り込んでいった。組合員はすべて一五万円の融資申し込みを行い、町村長の申し込み資格認定、町村議会の損失補償決議、農協理事会の融資承認を得た。

明けて一九五四年一月中旬から二月下旬にかけて、行方郡武田村を皮切りとして、江戸崎町、夏海村、中野村まで連日、五郡五三町村による「常東定期便」と呼ばれたバス出動（定期便の合計は六二）という戦術で対県、県信用農協連（信連）へ波状陳情を行い、最後は農林中央金庫交渉まで行った。

茨城県の地方紙『いはらき』新聞は「山口の思想、行動に毅然として闘え」というタイトルで「健全なる信用機関の崩壊と地方行政機関の麻痺を座視しえない。県当局はデマゴギーの威迫に屈することなく、毅然たる態度を持して、国家意志機関の決定と秩序を擁護すべき」という内容の後藤武男社長名の社説を掲げ（同年二月五日付）、この闘争が社会問題化していることを物語っている。

最終的に三六億六〇〇〇万円の融資獲得に成功、常東総協の勝利に終わった（武秀の手前みそのきらいはあるが、常東の甘藷価格闘争と営農資金獲得闘争については山口武秀『山口武秀著作集』三一書房、一九九三に詳しい）。

武秀はこの二つの闘争について、「農産物価格の下落や凶作による資金不足は全国どこでも同じだが、このような闘争は常東以外の全国の他のどこにもみられなかった」と豪語している（同前、一九五四年一一月執筆、二〇六頁)。

しかし、この営農資金獲得闘争の過程で東茨城郡協議会の下山田虎之助らは常東総協本部の方針と対立し、同年秋に常東総協から離れ、一九五六年に茨城農民同盟として独自の道を歩み出した。

8　常東農民運動と農協

農地改革はGHQの「農民解放指令」に基づいて実施された。この指令の最後の項目に「非農民的勢力の支配を脱し、日本農民の経済的文化的向上に資する農村協同組合運動を助長し奨励する計画」の推進があった。これを受けて、戦前の産業組合を引き継ぎ、農業に対する国家統制遂行のための農業会は解体させられ、一九四七年に農業協同組合法が公布された。

この法律は組合員の加入脱退の自由、組合の運営における農民の主体性の確立、組合の自主性の尊重などの原則がうたわれたが、農民にとっては与えられた法律であって、自ら獲得したものではなかった。多くの農協は、農業会の看板の塗り替えと言われたように、財産や職員を引き継いで発足した。米を中心として、ほとんどの農産物が政府の統制下にあり、生産資材や生活物資も統制下で配給されていたこともあり、農協組織は国民経済のなかで集配機構として、便宜的に使われることになってしまった。

農協の組織化は急速に進み、県内では一九五一年三月現在で総合農協四三八、開拓二九二、養蚕

一九三、畜産一〇六、連合会その他八五など一一一四もの組合が乱立した（茨城県農林部農業組織課編『茨城県農業協同組合要覧　昭和二五年度』茨城県農林部農業組織課、一九五二）。総合農協は経済、信用、共済などの事業を行う組合を指すが、設立当初は地区内有力者同士や集落間の対立、組合員間の思想、感情の対立などにより、同一市町村内で分立したのが三六七市町村の内五六あり、東茨城郡と鹿島郡が七、行方郡が六と他郡市よりも多かった。武秀の地元の新宮村では四農協が設立されている。

戦後の帰農組合を淵源とする開拓農協も乱立し、旧武田村（北浦町を経て現行方市）では八組合が設立され、総合農協と対立、競争関係にあった。開拓農協の中には組合員が一〇人未満のところもあった。

これら三郡で農協が分立した町村が多かったのは、言うまでもなく農民組合系と地主系の農民が別々に組織したことによる。農協や町村が合併した今日でも、いまだに隣同士が農民組合系と地主系とで隣組や児童生徒の通学団が別々になっている、という信じられないような集落が存在しているところもある。

このようにして発足した農協は放漫経営や販売代金の貸し倒れ被害、農業会時代の不良資産の引き継ぎなどにより多くの組合はまもなく経営不振に陥り、一九五一年には県内で一七九組合が不振組合のレッテルを貼られることになった。常東農民組合が指導して設立した三郡の農協も同様で、多くは地主系の農協に吸収されていくが、農民組合員はそこではいわば外様であり、農協の指導の枠外で新たな作物を選択し、出荷組合を組織するなど独自の行動を取っていくことになり、対立は今日まで尾を引いている。

9　常東農民運動の終焉とその後の武秀

常東総協の営農資金獲得闘争は一年で終わり、甘藷価格闘争も一九五六年まで続けられたが、高度経済成長の時代に入り、農業構造が変化し、広範な運動の基盤が失われていった。武秀は一九六一年に発行された『日本農民運動史』（農民運動史研究会編、東洋経済新聞社）のなかで常東の運動は農民運動の新しい分野を切り開いたと自賛しているが、最後に「懸命の活動を続け、新しい道を切り開いてきたのだが、今日、なにか農民の一般的な動向に十分にそぐわないものが感じられる」と書いている（一一五三頁）。

甘藷価格の上昇や営農資金の獲得は農民にとって大事なことであった。しかし、高度経済成長により農工間所得格差が拡大し、農業経営の変化も促していた。一九六一年には農業基本法が制定され、農業構造改善事業が実施に移され、従来の穀類、イモ類中心の農業から野菜、果樹等の商業的作物への転換が進み、畜産でも多頭化の傾向が顕著になっていった。農業技術も機械化の進展、化学肥料や農薬の普及などにより大きく変化し、これらの動きを敏感に感じとった農家は、新しい時代に対応した農業経営を創り出したいという要望を持つようになっていった。

一九六二年の暮近く、鉾田町安塚の武秀委員長の家に常東総協の幹部・活動家二〇〇人が集まり、解散集会が持たれた。席上、武秀はこれまでの運動を総括し、「発展のない組織や過去の運動の形骸にしがみついているのは、農民運動に生命をかけるものの態度ではない。新しい運動は新しい基盤のうえにつくられることになろう」と述べ、常東農民運動の活動に幕を下ろした（前掲『鉾田町史 通史編 下巻』六一二頁）。武秀はその時の想いを「肩の荷を一つ下ろした気持ち。それが大退却にちがいないのに、さばさばした思いだった」と振り返っている（前掲『山口武秀著作集』二五三頁）。

武秀は続いて、「経済の高度成長が永続するはずがないと考えてきたが、その想定は乗りこえられてしまい、高度経済成長は続いており、農民にとって農業が生活の土台として死守すべきものではないという事態がうまれていた。かつて離農とは生活の転落ということだったが、今では離農は従来の農業よりもめぐまれた生活を保証する。私の運動の構図は、根底からひっくりかえされる結果となった」と書いている（同前、二五四頁）。

一九六八年五月、かつての常東総協青年部の幹部たちが中心になって常東農民市民同志会が発足した。しかしこの同志会が組織としてその後の農民運動や住民闘争にどう関わっていったのかはよくわかっていない。

私は一九七六年のいわゆるロッキード選挙で自民党の橋本登美三郎（ハシトミ）の選挙を取材し、分析した（先﨑千尋「強固な利益共同体選挙」『農村と都市をむすぶ』三〇九号、全農林労働組合、一九七七）。

ハシトミは佐藤内閣で官房長官、田中内閣では自民党幹事長を務めた大物であり、選挙区である茨城一区は常東農民組合の地盤でもあった。ハシトミは戦後の四七年の総選挙から同区で立候補している。その時は武秀が当選し、ハシトミは落選した。次の四九年の選挙ではハシトミが一位、武秀は二位でともに当選した。

武秀はその後も一九五三年と五五年の選挙に立候補しているがいずれも落選している。ハシトミはその後連続当選し、五八年からはトップ当選している。そして鹿島、行方、東茨城の三郡からの得票率が六〇〜七八％と極めて高いことが注目される。ハシトミ後援会の幹部の多くが常東の活動家だったこともわかった。青年特別行動隊の隊員が首長になっているケースもある。なんのことはない。ハシトミは、常東農民運動のエネルギーをそのまま自分の支持基盤に組み入れてしまったということである。常東とハシトミを結び付けた媒介項はいうまでもなく高度経済成長である。この地域は、わが国の大きなプロジェクトであり、現在は巨大なコンビナートになっている鹿島開発が進められたところでもある。

ハシトミはロッキード事件に連座し、受託収賄罪で逮捕された。その後のいわゆるロッキード選挙でもハシトミは三位で当選しており、選挙区での利益共同体はほとんど崩れなかったといえよう。大方の農民の行動様式は、常東農民組合に加わった方が自分の利益になると思えば組合員になるし、ハシトミの後援会の方がよければそちらに入り、利益を得るということである。新潟県の農民運動の闘士たちが後年田中角栄の支持者となり、後援会「越山会」の各支部の幹部になったのと似ている。

その後、ハシトミは一九八〇年の選挙で一三選を目指したが、五〇〇〇票の差で落選し、額賀福志郎を後継者にして引退した。

武秀が常東の運動に終止符を打った前後、鹿島開発に対する反対運動が起きている。小川町では百里基地反対闘争も激しい闘いだった。しかし武秀はこれらの闘争をあまり評価せず、関わりも持たなかった。「開発や基地問題のあるところでは、闘いは容易に起こるが、そうした闘争は自分が出ていかなくともいい。一般の農村で闘争をどのように展開し、普遍的な農民の闘争をどのように創造していくのか」が問題だという（前掲『山口武秀著作集』二五六頁）。果たしてそれが本当の理由だったのかどうか、今では確かめようがない。

百里基地については一九五五年当時、幡仙闘争の一方の主役であった幡谷仙三郎が小川町長として国（防衛庁）に対して航空基地の誘致を働きかけていた。土地買収の対象になっていた農民たちは百里基地反対同盟を結成し、以後町をあげて反対運動が起き、幡谷町長はリコール運動の高まりにより辞職し、その後の町長選挙で愛町同志会の山西きよが当選した。同町での基地反対運動はその後も長く続けられている。すぐ近くに住んでいた武秀が、他の住民運動などには指導、支援に行っているのに、百里では自分が出ていかなくともいい、と言ったことをそのままには信じがたい。

また、鹿島開発の闘争を評価しないと言いながら、武秀は後年鹿島砂採取企業組合理事長となり、鹿島開発と無縁ではない事業に関わっている。武秀がその後関わる住民運動や住民闘争は個別具体的であり、比較すれば鹿島開発や百里基地問題の方がより重要なことではないか、この時の考え方とその後の行動と整合性がないのではないか、と私は考えている。

常東総協解散以後に武秀が関わった運動、闘争について、『山口武秀著作集』などからいくつかの事例を引く。

一九六六年、鉾田町大和田に鉾田、小川、玉造三町清掃組合のし尿処理場をめぐって反対運動が起き、その支援に入り、勝利した。ここでの特徴は、反対同盟のような組織を作らなかったことである。役員を置かない、全体が運動を担うというやり方だった。

翌年には玉造町の小学校移転問題が起き、武秀は応援を頼まれた。航空自衛隊百里基地の騒音対策で、小学校を防音校舎にするために移転するという計画に学区内の親が反対していた。この町の町長は全国町村会長にもなった大ボスだった。しかしこの移転では地域住民の声を聞こうともしなかった。小学生の同盟休校などを経て、最後はこの地域の住民は「意地」を通して決着した。

続いて、一九六八年には鉾田町屠場・塵芥処理場反対闘争、その翌年には北浦村養鶏企業進出反対闘争を支援し、勝利に導いている。

そして一九七〇年一二月、武秀は千葉県三里塚に立ち、三里塚空港粉砕・全国住民運動総決起集会で六〇〇〇人の参加者に「北総農民連合数万の決起へ」と訴えた。しかし拍手はほとんど起きなかった。山口の訴えは、運動を周辺の一般農民、住民へ拡大し、広大な戦線を構築し、縦横の作戦を展開すべきという内容だったが、反対同盟の人たちと考えのズレがあり、そのままは受け入れられなかった。しかしこの集会の参加によって、武秀と三里塚空港反対同盟とのつながりができた。

わが国で第二の湖である霞ヶ浦は、頭部が二つに分かれ、一方が西の土浦、もう一方が北の高浜へ向かっている。その高浜に向かった入江が高浜入と呼ばれる。この高浜入の公有水面一五四二町歩を干拓し、一市二町三村にまたがり、一三三九町歩の耕地を造成するという計画が高浜入干拓で、湖沼干拓としては八郎潟に次ぐ日本で二番目の規模のものである。

この計画が発表されたのは一九六〇年だった。当時の茨城県知事岩上二郎が、農業重視の姿勢を見せようとして推進したと言われている。六七年に農林省関東農政局は玉造町に高浜入干拓建設事務所を建設、地元の玉造町漁協は当初は反対していたが、後に干拓賛成を決議し、漁業補償金一二億円余をもらうことを決めた。

それに反対する漁民たちによって高浜入干拓反対同盟が結成されたが、事業者側の切り崩しに遭い、一九七一年には同盟員は三一人にまで減ってしまった。窮地を脱するために同盟の幹部が武秀に指導を依頼したことから活躍が始まる。三里塚空港反対同盟の支援を受けるようになり、七二年六月の高浜入農漁民学生決起大会には地元の反対同盟員の他、全学連中核派、学生インター、三里塚空港反対同盟などが駆けつけ、支援の学生たちが常駐するようになった。

八郎潟干拓の場合も同じだったが、計画当初は農民の土地の欲求は強かった。しかしコメの減反政策のなかで干拓事業は時代錯誤と言われるようになり、知事が岩上から竹内に代わったこともあって、国や県との交渉の他、県警機動隊との幾多の攻防などはなばなしい局面もあったが、最終的にこの干拓事業は中止になり、農民側が勝利した。武秀はこの闘争について、勝利はしたが、反対同盟の闘いが地域全体に広がる町民連合にまでは進まなかった、と総括している（山口武秀「高浜入干拓闘争」『日本農業年報』第二六集、御茶の水書房、一九七八）。

一九七九年一月、鉾田町烟田《かまた》の道路際に「基盤整備絶対反対」の看板が立てられた。それを見つけた武秀は関係者の一人に事情を聞いた。当時、北浦の北端にある水田二九〇町歩の圃場整備が計画されていた。北浦の水ガメ化対策の一環である。

北浦周辺の水田は海田《うみだ》と呼ばれ、もともと常に冠水を受けるところだった。国と県が塩害防止と合わせて、塩分を含まない鹿島工業用水を採取するため、一九六三年に霞ヶ浦、北浦とつながる常陸川と利根川の合流点に常陸川水門（利根川下流からの塩水が上流に行かないようにすることから逆水門とも呼ばれている）を取り付け（地点は神栖市宝山）、利根川からの逆流を抑えるようになってからは冠水状態が続き、被害が一層ひどくなった。一方、腰までつかる湿田を乾田化することは地域の農民の悲願だった。

土地改良事業（圃場整備）の対象面積は三〇〇町歩近かったが、そのうち築堤で影響の出る烟田地域の面積は七〇町歩で、他の地区は影響を受けない。烟田地域だけが地形上、北浦の水ガメ化によって水位が上がり、田んぼ全体が水びたしになってしまう。このために同地区の農民は冠水田対策協議会を作り、水田の土盛りを事業主体の水資源開発公団に要求した。交渉の窓口が実施主体の土地改良区になれば、その一部地区の要求は土地改良区を通さなければならず、直接公団に要求できなくなるということから、対策協議会は土地改良区を通さないで単独の交渉団体として活動していた。しかし公団側の回答は、平水位以上の湖水の水田流入を排水機で防止すればいいということだった。

そこに武秀が登場した。現地では武秀の指導のもとに「闘争やぐら」を組み、時間をかけた公団や県との交渉の結果、工事費は約二〇億円だったが、地権者の負担なしで土盛り水田が実現した。烟田集落は武秀の住んでいる新宮のすぐ近くにあるが、それまで武秀とも常東農民組合とも接触がなかった、とリーダーの塙幸雄は語っている。

これらの事例からわかることは、農民運動や住民運動の材料はどこにでもあり、なにかのきっかけがあれば、たとえサツマイモ一本、麦の穂一つでも運動が組織できるということである。

武秀が指導、支援した最後の戦いは、水戸市東部地区に計画された下水道終末処理場（東部浄化センター）建設をストップさせることだった。水戸市は一九八二年に同市渋井町、吉沼町、浜田町の二〇ヘクタールの買収に着手し、処理場建設のための説明会を開いた。ただちに土地所有者による反対同盟が結成され、それ以外の一般市民の郷土を守る会も作られた。

同年に水戸市長選が行われ、下水道の建設を公約にした和田祐之助が市長に三選され、佐川一信は次点だった。佐川は「水戸市民の会」を作って次の選挙準備を始める。そして佐川は、下水道施設は大規模な一カ所集中方式ではなく、小規模な分散方式をとるべき、という考えを持っていた。

計画発表後、水戸市の用地買収は進められていたが、全体の二八％程度しか進まず、反対同盟と市側の交渉は膠着状態が続いていた。同時に、市は市長選直前に建設のめどが立たないまま一部で東部浄化センターに付帯する管渠工事を進め、反対同盟側とこぜりあいする場面もあった。反対同盟と武秀の接触があったのは一九八四年三月だった。以後、武秀はこの闘争支援に入る。

同年七月、市長選で反対同盟が応援した佐川が当選した。計画は前市長のときのものだったが、佐川は翌年、東部浄化センター白紙撤回の公約を破棄し、計画面積を半分にするとし、既存の若宮処理場との一体的計画に改めた。このために反対同盟は佐川に辞職を迫り、対決姿勢を鮮明にし、計画の白紙撤回を求めていった。

一九八六年一〇月、事態は大きく変わり、国が進めている那珂久慈流域下水道計画に水戸市が参入する話が具体化し、それ以降その話は急速に進んでいった。九〇年になって東部浄化センター建設計画は県レベルで見直しされることになり、那珂久慈流域下水道への参入が認められた。そのために渋井地区での下水道処理場は建設されることはなかった。結果として、武秀が支援した東部浄化センターをめぐる闘いは住民側の勝利に終わったといえよう。

武秀はこの水戸市の東部浄化センター反対支援のあと、一九九二年八月に心不全で亡くなり、一六歳で農民運動に身を投じてから六〇年間、農民運動や住民運動の最前線に立ち続けた波乱万丈の人生の幕を閉じた。享年七七だった。

10　常東農民運動と武秀に対する評価

これまで、武秀の著述を中心に、常東農民運動がたどってきた栄枯盛衰の推移を見てきた。常東以外に目をやると、戦後の農民運動はその時々の共産党や社会党などの政党の路線や方針に大きく影響を受け、左右された。例えば、戦後の日本農民組合一つとっても、一九四六年二月に結成大会を開いたが、四九年には統一派と主体性派に分裂し、それが統一されたのは八年後の一九五七年だった。

私はこれまで、そのような政党や日農の路線闘争や人の動きとその結果、さらに常東の運動が全国の農民運動のなかでどのような位置にあったのかなどについてほとんど触れず、評価もしてこなかった。それは、戦前の鹿島・行方地方が現在の園芸王国に転換した結節点として、常東農民運動がどのような役割を果たしたのかを見ることを主眼としたからである。だからといって、天皇、大将、親分、先生などと呼ばれた武秀の考え方や行動を無条件に肯定しているわけでもない。

とはいえ、全国で最大最強の農民組織であり、農民運動の雄だった常東がなぜそのような活動をすることができたのか、そしてそれが、突然に潮が引いたように消えてしまったのはなぜなのか、ということを見ておく必要はあるだろうと考えている。私にとっては常東農民組合があっという間に消えたことが長い間の謎だった。

武秀自身は甘藷価格闘争、営農資金獲得闘争についてこう自己批判している。「常東農民組織自体が、すでに大衆の動きとは遊離していた。常東の価格闘争は、運動家が考え、いわば私が考え、私がつくりだした闘争であって、大衆自らがつくったという性格の闘争ではなかった。それが許されたのは、常東農民組合の過去の闘争の蓄積が大きかったから」だ。「われわれ農民運動関係者が、反封建か反独占かと議論していた当時、農民はそうしたところから離れて、まったく別な路線に向かって歩き始めていた。その歩みの最もはっきりしたものとして、農業技術の改良運動をあげたい。新しい形で行動する主体としての農民が形成されつつあった」（山口武秀『常東から三里塚へ』三一書房、一九七二、三二～三三頁）。武秀がこの時点で認識していた新しい農民たちが、その後のこの地域の営農そして地域の担い手となっていくことを示唆している。

ある人は言う。「常東を動かしたものは強力なオルグ集団であり、オルグがいなくなったら常東は消えた」と。今、常東の運動を振り返ってみると、なるほどそうだったのだと思えてならない。

それでは、そのオルグ集団とはどのようなものだったのか。どのような人たちが常東の運動に入り、どうしてそこから出ていったのか。当事者たちが書き残したものを中心に追いかけてみよう。どうして常東に来たかも大事だが、どうして常東から去っていったのかが常東の運動を考え、その後の動きを考えるために重要なことである。

一九四五年一〇月に武秀の呼びかけに応じて磯浜町の集会に参加し、その後常東で活動を続けたのは、戦前からの活動家であった立川光栄、大和田正三、藤枝陸郎らであった。

同じ頃、武秀は鉾田町に隣接する巴村（現鉾田市）で講演した。そこに現れたのが村長の息子であった市村一衛。後に常東農民組合特別青年行動隊長、さらに書記長になって全体の運動を武秀と推し進めていった人である。

市村は武秀の話を聞いて、持ち前の正義感に火を付けられ、即座に組合に参加する意志を伝えた。近くの農民たちも市村に従って組合に加入した。同年一一月に巴村で農民組合を結成し、市村は翌年一月の常東農民組合の結成大会では大会宣言を読み上げ、書記局員になった。当時市村は二一歳、武秀は三一歳の若さであった。そして市村は一九五〇年に組合の書記長になる。

市村の話によれば、全学連の学生たちがオルグとして常東に最初に入ったのは一九五〇年であった。この年に朝鮮戦争が始まり、自衛隊の前身である警察予備隊が創設されている。東京大学の針谷明に続いて安東仁兵衛が入り、そのほかに三〇人くらいが常東に来ていた。その後、佐久間弘（本名柴山健太郎）、渡辺武夫（本名松下清雄）、後に鹿嶋市長になった五十里武など、大学で除籍処分を受けたり、共産党を除名させられたりした人たちが梁山泊のように武秀のもとに集まってきた。常東の活動家たちは、栗原百壽、梅本克己、櫻井武雄、いいだももらとも交流があった。学生活動家がその時に活発な運動が行われているところにオルグとして入るのは、のちの水俣の公害闘争、三里塚の空港反対闘争などと同じような支援の仕方だったと言えよう。

支援の学生が集まったとはいえ、常東には組合独自の事務所があるわけではなく、常東の運動スタイルは、オルグのそれぞれが割り当てられた地域を任され、現地事務所を置き、そこで組織を拡大し、運動を指揮するというやり方だった。オルグの人たちが全体で集まるのは月に一度程度で、現地報告、闘争方針、宣伝・動員計画などを協議し、現場に散っていく。農民の中からも専従として活動した人たちもいたが、全体としてはオルグの力が大きかった。オルグに月給は支給されず、三度の食事は農家で振舞ってもらっていた、と伝えられている。

市村は一九五五年の秋に常東の組織から離脱する。市村は、その理由の一つとしてオルグとの考え方の違いを挙げている。

のちに市村は「全学連は東大を中心とする安東仁兵衛らの集まりである。彼らは精鋭である。常東の体質が変わった。精鋭集団となった。請負集団に陥ってしまった。農民たちの自主的な活動が妨げられた」。そして「常東のオルグ集団は、オルグの自己犠牲の上に成り立っていた。個人の犠牲における農民運動はナンセンスだ」と評価している。しかし最大の理由は、武秀の考え方、路線と合わなくなったということであろう。「山口には理念はあったが、人間性はなかった」と書いている。だが、市村と武秀の路線がどう合わなくなったのかについて市村は記録を残していない。

市村の一〇年にわたる常東農民組合の運動については、「私の青春のすべてであった。当時の歴史的状況からすれば、貧しい農民大衆の解放というのは正義であった。青春をかけるのに値する運動であったし、それなりの成果を見た運動であった」と総括している（市村一衛「我が青春の常東農民組合運動」茨城の近代を考える会編『茨城近代史研究』第五号、茨城の近代を考える会、一九九〇、二九頁）。

市村は常東農民組合を離れて、鹿島開発に積極的に関わった。鹿島では開発への反対運動が激烈だったが、市村はくみしなかった。住民の大半が条件派だったというのがその理由である。逆に、鹿島に進出した住友金属のために働いた。「論理でもなく思想でもなく、人間関係からだった」と市村は回想し、「鹿島開発は私がいなければ」とまで書いている（市村一衛『野性の思考』自分流文庫、七〇頁）。それより前、一九五九年の県知事選で市村は興農政治連盟が出した岩上二郎を推している。相手は営農資金獲得闘争などで敵対した友末洋治だった。

市村は鹿島開発に関わっていた頃、自宅に茅葺の曲がり家を建てた。古い建屋を譲り受け、解体移築した。土間に囲炉裏を置いた。この囲炉裏を囲んだ歓談から巴農民道場を開くことになり、後に発展して「耳の会」となった。市村には、未来を模索しながら農村文化を継承しようという志があった。耳の会の発足は一九八三年で、月に一度講師を招き、勉強会を開いてきた。講師は県内外から呼び、農業、農政、農業技術など農業に関するテーマが多かったが、中国問題や環境など多彩なプログラムが組まれていた。講師は政治家からジャーナリスト、芸術家、大学教授、科学者、医者、企業経営者などさまざまで、岩上二郎、櫻井武雄、塙作楽、古井喜美、森田美比、竹内謙、市村正二、菊地昌典、岩田進午、デニス・バンクス（アメリカ・インディアン）などがいた。メンバーは地元鹿島郡、東茨城郡、水戸市など近隣市町村に住んでいる人が多かったが、札幌や長野、東京の会員もおり、中国との交流、都市と農村の交流も行われていた。

この耳の会の活動は市村が亡くなった一九九四年まで続けられ、七〇人の会員たちはここで鍛えられ、その多くは今なおそれぞれの地域で地道な活動を続けており、市村の「野性の思考」が引き継がれている。

常東のオルグ集団はいつの間にか武秀のもとを離れていった。それらの人たちがなぜ離れていったのか、ほとんど書かれたものがないが、武秀を批判した文のいくつかを拾っておこう。

「山口を中心にして『常東』は勝てるケンカでなけりゃ絶対やらん、それ以外は手を出さない」（吉川孝夫「『洞穴時代』――日本共産党は」『月刊東風』東風出版、第三八号、一五頁）。

「若き時代の山口氏は純粋で、献身的であった。しかし、指導者となっていくにつれて、だんだんとなにかを失っていってしまった。高浜入干拓の闘争本部における山口氏の行動は、きわめて尊大に構える軍師のそれであった。この軍師の情勢判断は甘ったるく、いい加減であった」。

「なぜ山口氏は鹿島闘争の構図をえがきあげ、出陣していかなかったのであろうか。常東本部に集まってきた初代全学連のつわものたちをはじめとしてすべての本部オルガナイザーが次々と山口氏に疑問をいだいて離反し、山口氏が乗る『白馬』はいなくなってしまった。（中略）鹿島開発は山口にとって反独占農民闘争の願ってもないチャンスだったが、山口氏はこの『鹿島開発』の問題に最後まで、完全に黙したまま、動こうともしなかったのである」。

「山口理論によれば、『運動は住民の自立的な反権力意識によって成立する』という。そのかたわら山口氏は、強い非住民的な力を待望しているようにみえる。その集中的なあらわれは、『支援学生部隊』に対する他力本願である。住民闘争理論は、住民の力に依存することではなかったのであろうか」（以上針谷明「高浜入干拓反対闘争」『月刊東風』東風出版、第四四号、二七〜三七頁）。

針谷明は、組合の書記次長として市村一衛とともに武秀の右腕、左腕となって常東農民運動を創ってきた中心人物の一人である。最も間近に武秀の行動を見てきた人の言は重い。

常東のオルグの一人に渡辺武夫（本名松下清雄）がいる。渡辺は武秀本人について針谷のような批判はしていない。しかし、一九五九年に刊行した『戦後農民運動史』（大月書店、一九五九）で常東の甘藷価格闘争、営農資金獲得闘争について次のように触れており、日本農民組合の統一についての常東の行動も批判し、路線の違いがはっきりしている。さらに、武秀とたもとをわかって下山田虎之介とともに茨城農民同盟を創ったことがなによりの批判になっている。

甘藷価格闘争については「単位組織の確立が不十分。営農形態の相違や販売数量の大小などの諸条件を考慮に入れた、広範な生産農民の統一行動を可能ならしめる包括的な組織コースが欠けていた。団体交渉が単一の中央交渉に限定され、各地域の多種多様な闘争が自主的に展開できるような戦術コースが欠けていた。闘争の対象が中小デンプン業者だけに向けられていた点や、農民ストライキの安易な提示など戦略コースに大きな問題があった」と指摘している。

また営農資金獲得闘争については「この闘争を県労連傘下の各労働組合や民主団体・組織と共闘の方向に発展させようとする運動の基本姿勢がまったく欠如しており、『農民だけ』しかも『常東だけ』の力で権力の下部機関としての対県闘争をすすめようとした。その『農民』を結集するにあたっても、『借りた資金は返さないことにする』といういわゆる踏み倒し運動として農民大衆に訴えたことである。一時的には『大衆を釣る』ことはできても、けっして恒久的な信頼をつなぎとめることは不可能である」（同前、一一八頁）と批判している。

日農の統一については、「常東は、単に中央における統一に否定的であったばかりでなく、地方（茨城県）における統一の努力にたいしても終始水をかけ、あるいはこれを妨害する態度を変えなかった」と批判した。その後の一九五七年九月、日農両派合同の前日に常東は日農統一派との「なだれこみ統一」を行った。これを渡辺は「奇怪なこと」、「あまりにも矛盾した態度」と評している（同前、一五七〜一六〇頁）。

渡辺は武秀の官僚主義指導を嫌い、常東を離れていった。オルグとなった安東や渡辺たちは栗原百壽の関わりで常東と結びついたのである。

一九四九年に日本共産党から常東にオルグとして派遣された柴田友秋は、一九六〇年に武秀との間に亀裂が入り、常東を離れ、鹿島開発反対運動に加わるが、「山口委員長の最大の特徴は、農民大衆の要求をとらえ、それを基礎に組織し、その組織力を目的達成のため、実力行使を基盤として、最大限に合法面を活用し、要求を闘いとる優れた戦術能力の持主であった。しかしそれだけに、他者の意見や批判は受け入れない面が強かった」（柴田友秋『戦争反対から農民運動へ』自家本、二〇〇一、一二一〜一二三頁）と評している。

このような身近な人の批判からわかることは、武秀にとっては、政党の党籍の有無、転向、政党などを含めて他人の批判や意見などは問題ではなく、いかにして農村にあって少しでも農民の利益になることをすればいいのかを考え、直観で思いついたことを即座に実践に移す行動スタイルを貫き通した、ということである。

戦前に新潟県木崎村の小作争議を指導した農民運動家の青木恵一郎は、全六巻にわたる『日本農民運動史』を書いている。しかし常東農民組合の運動に言及しているのは第五巻の「茨城県常東の未墾地解放闘争」の三頁のみであり、その大半は武秀の記述をそのまま引用したものである。その他の常東の闘争はまったく無視されている。青木と武秀との路線の違いからであろうが、それも批判の一つである。

山口武秀略年譜

一九一五	茨城県鹿島郡新宮村安塚に生まれる
一九三一	鉾田中学校を中退し、上京
一九三二	新宮村で農村青年組織「友の会」を結成し、電灯料値下げ運動
一九三三	全農全会派青年部会議に参加、検挙される。日本共産党に入党。全農総本部関東出張所に通う
一九三四	千葉県栗源争議を指導し、勝利
一九三六	田村ひでと結婚
一九三七	全農茨城県連書記長
一九三八	治安維持法違反で懲役三年の刑。水戸刑務所に
一九四〇	仮釈放。帰郷し、炭焼きと農作業に従事。後、新宮農業会、藤田組に勤務
一九四五	新宮村で「正論会」を結成し、村政民主化運動に取り組む 新宮、磯浜に日農支部結成。社会党茨城県連書記長
一九四六	常東農民組合協議会を結成し、委員長。日農発足、中央委員。同茨城県連書記長 戦後最初の総選挙に立候補するが落選
一九四七	総選挙で当選。幡仙糾弾闘争

一九四八	税金闘争
一九四九	総選挙で再選。日本共産党に再入党。日農統一派中央委員・組織部長
一九五〇	共産党分裂
一九五二	日農統一派から脱退。農民運動研究会を結成。常東農民組合を常東農民組織総協議会と名称変更
一九五三	共産党から除名。甘藷価格闘争
一九五四	営農資金獲得闘争。「常東定期便」
一九六二	常東農民組織総協議会を解散
一九六六	鉾田町大和田でし尿処理場設置反対運動が起こり、支援
一九六八	常東農民市民同志会を結成。鉾田町屠場・塵芥処理場反対運動の支援
一九六九	北浦村養鶏企業進出反対運動の支援
一九七〇	三里塚空港粉砕・全国住民運動総決起集会で挨拶
一九七一	高浜入干拓反対闘争の支援・指導
一九七九	鉾田町冠水田対策協議会の支援・指導
一九八四	水戸市東部浄化センター建設反対運動の支援
一九八六	妻・ひで死去
一九九二	心不全で死去、享年七七

出典：いいだもも「求道の孤独な組織者――山口武秀」(『別冊経済評論』第一一号、日本評論社、一九七二)、『山口武秀著作集』(三一書房、一九九三)。

【註】　山口武秀の著作、論文は膨大であり、単行本だけで一八冊ある。本章執筆にあたり参照したそれらの武秀の書いた文献をここでは表示しない。武秀の思想、行動の軌跡は没後に出版された『山口武秀著作集』(三一書房、一九九三)にまとめられている。このなかに武秀の著作・共著、評論、エッセー、対談・インタビュー、年譜が収録されているのでそちらを参照していただき、ここには記載しないことをお許し願う。戦後の農民

運動論に関する文献は巻末に記載したもの以外にも多数ある。それを含めた主要著書および論文は一九八五年に出された五味健吉『農民運動論』にもまとめられている。また同書には一九四五年から一九八四年までの農民運動の年表も、出典・原資料も含めて収録されているので参照されたい。

第三章　常東農民運動以後の鹿島台地畑作農業の展開過程

1　農業産出額の最新のデータと「茨城一号」型農業

農林水産省は二〇一八年一二月に二〇一七年の市町村別の品目別農業産出額を公表した。それによると、鉾田市が産出額の合計において七五四億一千万円で全国三位であった。内訳はイモ類を含む野菜が七割を超え、畜産が二三％、コメはわずか二％にすぎなかった。全国一位は愛知県田原市の八八三億円、二位は宮崎県都城市の七七一億円であった。田原市は温暖な渥美半島の南端に位置し、キャベツ、洋菜類などの野菜（三八％）、キク、バラ、カーネーションなどの花卉（全体の三四％）が中心である。都城市は肉用牛を中心とする畜産（全体の八四％）が盛んなところであり、鉾田市とは内容がまったく異なる。このデータは世界農林業センサスの結果などを活用して推計したもので、同省が二〇〇六年まで公表していた「生産農業所得統計」とは推計手法が違い、厳密には比較できないが、それぞれの市町村の農業の実態がわかり、貴重なデータである。

部門別では、イモ類で鉾田市が一〇六億三〇〇〇万円で全国トップ、行方市が六一億円で五位であった。鉾田市は野菜でも四二三億五〇〇〇万円で一位、豚は一四六億八〇〇〇万円で五位。鶏卵では小美玉市が一七六億五〇〇〇万円で一位であった。これは、日本最大の企業養鶏イセファームが三〇〇万羽以上を同市内で飼育していることによる。イモ類と野菜は別の分類になっているが、メロンは野菜に含まれる。

各市の詳しい数字はのちに見ていくことにするが、このように、常東農民運動の舞台であった鹿島・行方・東茨城地域は今日、日本有数の農業地帯、園芸・畜産地帯として国民の台所としての役割を担っている。

第一章では戦前のこの地域の農業の概観を見たが、この地域の現況を見る前に、高度経済成長期以前の茨城県の農業がどういう状況であったのかを見ておこう。

茨城農業の特質については櫻井武雄が次のように整理している。

茨城県農業の特色については、つとに、〝茨城一号〟型農業として定評がある。〝茨城一号〟と言っても、今では知らない人が多くなったが、戦時戦後の食糧危機の時代には、甘藷の多収穫品種の随一として一躍有名になった。ところが、煮ても焼いても食えない代物として消費者には悪名高く、ついには家畜の飼料としてすら敬遠されて、戦後まもなく絶滅に帰した品種の名である。茨城県農業の特質は、この甘藷〝茨城一号〟の特性に最もよく象徴されているといわれたのである。つまり、茨城県農業は、〝茨城一号〟のように、図体ばかり大きくて中身が乏しく、品質が劣り、商品価値に乏しくて、要するに技術的にも経営的にも時代おくれであるというのである（茨城県農業史研究会編『茨城県農業史　第一巻』茨城県農業史編さん会、一九六三、一頁）。

この茨城県農業の特質は、北海道、新潟に次ぐ耕地面積を持ち、専業農家の比率が高く全国第一位であり、総戸数に占める農家率、総人口に占める農家人口率も高いことなどの指標で示される。首都圏に包摂されている茨城県が、鹿児島県や北海道に比肩されるほど色濃く農業県的様相を残してきたのである。耕地の五〇％以上は生産力の低い畑が占め、しかも粗放な畑作物が多く、農業経営の合理化も遅れ、一〇アールあたりの農業粗収益は、都府県平均や関東の他の都県に比較して低い水準であった。

一九六〇年時点で、茨城県で収穫量が全国第一位のものは、穀類では陸稲、小麦、大麦、野菜ではハクサイ、ナス、スイカ、工芸作物では葉タバコとゴマ、果樹ではクリ、畜産では豚、農産加工品の干しいもと一一種ある。次いで第二位に入るのはトウモロコシ、ラッカセイ、ゴボウ、キュウリ、カボチャ、トマトの六種がある。

これを最新の二〇一七年のデータと比較してみよう。全国一位の品目は鶏卵、カンショ、メロン、レンコン、ピーマン、干しいも、ミズナ、コマツナ、チンゲンサイ、セリ、クリ、切り枝、変わったところで芝があり、全部で一四種ある。品目は一九六〇年時点と大きく変わっている。

日本で一位、二位の数が多いのは、農家数が多く、耕地も広く、いわゆる図体が大きいのだから当然だが、ここでしかとれないというような特産物として誇るに足るものは少ない。商品としては経済的価値に乏しく、人と技術を選ばず、高度な技術を必要としない粗放的な作目がほとんどであった。その代表は陸稲、クリ、ラッカセイ、ゴボウなどである。冬作は大小麦、夏作は陸稲やカンショ、ラッカセイ、ゴボウという作付け体系が一般的であった。鹿島・行方・東茨城の畑作地帯もその例外ではなかった。

したがって、反当たりの農業粗収益も三万五〇〇〇円前後で、全府県、関東近県と比較して最も低く、一万円以上の差があった。この時点までの農業機械化の進展も遅く、動力耕運機、農用トラクターを使用した耕地面積は一八・五％と、全国の二五・五％、都府県の二七・六％に比べて格段に低い。

これらの指標から櫻井武雄は「茨城県農業のもつかような特質は、茨城県の産業構造における第二次産業の立ちおくれと相まって、戦後の農業発展における農業の商品経済化と商品化傾向への立ちおくれを示すものにほかならず、資本主義的な農民分解の停滞に由来するものであり、その停滞が中堅専業農家層の吹きだまりを生じたものにすぎない」（前掲『茨城県農業史　第一巻』一八〜一九頁）と分析している。

櫻井の分析は茨城県全体を通してのものだが、今回分析の対象としている常東農民運動の舞台であった地域でもほぼ同様、否、もっと言えばその典型であったと言える。この地域にこれといった特産品はなく、明治以来、第二次産業もこの近くには存在しなかった。自作農になった農民も含めて、この地を離れない限りは農業に従事せざるを得なかったのである。
櫻井が指摘したのは高度経済成長期前の茨城県農業についてだが、同時期の茨城県の農業について『茨城県史　近現代編』（茨城県、一九八四）は次のように述べ、その後の展開方向を示唆している。

（高度経済成長期の）経済の急激な発展は、農業にも未経験の新しい矛盾と課題を生み出した。過剰人口の圧力に悩まされ、次・三男対策が大きな課題となっていたわが国農村は、ここにはじめて農業人口の絶対的減少を迎えた。いっぽう、農地改革が生み出し、昭和二十年代に安定層としての基盤を築くかにみえた中堅自作農の座は、もはや安定層たり得なくなり、農工間の所得格差が拡大してきた。（中略）農地改革をもってしても解決できなかった零細経営の矛盾が、工業の発展とともに露呈してきた（八三九頁）。

今では正確な描写、分析だと考えられるが、戦後常東農民運動を指導してきた武秀がこのように捉えていたとは考えられない。農地改革と農民運動によって得た農民の自立精神は、否応なしに自らの耕地を技術、経営両面でどう展開させていくかに集約されていった。しかし、経営・生産力問題にシフトしていく農民の意識の変化を武秀はいわゆる「手の問題」として黙殺し、農民運動の対象とはならない、と考えていた。甘藷価格闘争後、武秀が感じていた以上の農民意識の変化があり、その勢いは止まることはなかった。
経済の高度成長による農業の混迷を打破しようとして政府は一九六一年に農業基本法を制定し、農基法農政という新たな農政路線を設定した。農工間の所得格差の是正が最大の目的である。それを阻んでいたのは零細農耕、農業の低生産性、農工間の価格条件の差、農村の過剰人口などであり、経済成長は農村の過剰人口を吸収し、農家の規模拡大が進展する。国民全体の所得が増えれば需要が増え、野菜や肉、卵、牛乳などの消費が増える。需要増に対応した品目の選択的拡大（他方では選択的縮小）、つまり畜産、野菜、果樹などの特化を図る。生産性の高い自立農家を育成し、他産業との所得均衡を実現することにより日本農業の産業的自立を図る。

このように、農基法農政は農家にとってバラ色の夢を描いた。茨城県知事・岩上二郎が鹿島開発で唱えた「農工両全」は、まさにこの農基法農政が目指したことをこの地で実現しようとしたものであった。

地域内の鹿島臨海工業地帯の造成に代表される地域開発、都市への人口集中を引き金とする新たな産地形成の動き、農村労働力の流出など高度経済成長が本格化した段階での農業内外の条件変化が、日本全体だけでなくこの地域の農業の変革をもたらしていくことになるのである。

このような日本農業の急激な変化の中で、この地域の農業はどう変貌してきたのか。以下では、この地域の代表的な事例として旧旭村のメロンを中心とした鉾田市、北浦ミツバや全国のスーパーの店頭に焼き芋用のカンショを供給している行方市、鹿島開発の中心地からは外れているが、茨城県では特異な農業を展開している神栖市（旧波崎町）の農業の展開過程を追っていく。

2　日本一のメロンの産地・鉾田市

先に見たように、二〇一四年に鉾田市は農業産出額（粗生産額等の表記もあるが、ここでは産出額に統一する）で全国第三位となった。その鉾田市は、旧鉾田町、旭村、大洋村の一町二村が合併し、二〇〇五年に誕生した。常東農民運動の本拠地だった鉾田市がその後どう変貌を遂げたのかを旧旭村、鉾田町を中心に見ていく。農林統計では合併後は旧町村のデータはつかめないので、ここではそれぞれの高度経済成長前の一九六〇年、合併前の二〇〇四年、その中間としての一九九〇年の数値を掲げておく（表3－1）。

旭村も鉾田町も周辺の町村と同様、高度経済成長が始まる前は澱粉の原料となるカンショの生産を主体とし、夏作として陸稲、ラッカセイ、葉タバコ、冬作として麦類、菜種という粗放的普通畑作が営まれていた。水田が少なかったため、生産額に占める米の比重は低かった。野菜もわずか五％しかなかった。畜産も牛は役牛として飼われ、豚や鶏も農家の副業程度であった。

それが一九九〇年には一変する。旭村は産出額が一九二億円を超し、野菜がその半分を占め、豚も三一％になる。品目別では豚が一位で、メロンが二八・九％（約五五億五千万円、表3－1では野菜に含まれる）、カンショ一二・二％、ゴボウ、イチゴ、トマトと続く。

合併前の二〇〇四年に産出額はさらに増え、二二七億円を超す。二〇〇四年の生産額は一九六〇

表 3-1　旭村・鉾田町農業の基礎データ

		旭村			鉾田町		
		1960	1990	2004	1960	1990	2004
農家戸数（戸）		1,761	1,512	1,156	3,759	2,830	2,092
耕地面積（ha）		2,570	2,730	2,600	5,140	4,920	2,420
1戸当たり耕作面積（a）		146	180	225	129	182	235
農業産出高（千万円）		73	1,922	2,277	142	2,268	2,435
耕種計	（千万円）	59	1,294	不明	115	1,675	不明
耕種	米	2	56	39	40	144	116
	麦類		2			2	1
	雑穀・豆類	(30)	1	0	(48)	4	1
	イモ類		242			327	362
	野菜	3	959	1,142	9	1,108	1,326
	豚	不明	592	751	不明	464	401
	乳用牛	不明	7	X	不明	66	62
	鶏	不明	3	X	不明	55	96
農家1戸当たり生産農業所得（千円）		415	6,155	7,615	378	4,011	4,777

出典：『農林業センサス　累年統計　農業編（明治37年～平成27年）』「世界農林業センサス」各年版、および関東農政局水戸統計情報センター編『茨城県の生産農業所得統計』茨城県農林水産統計協会、各年版、および「茨城県農林水産統計 2004-2005」より作成。
注：耕種の項目については主な作目のみを抜粋・記載。X は秘匿。1960 年の「雑穀・豆類」の数値は「麦類　雑穀・豆類・イモ類」の合計。

年の三一倍に達する。一戸当たりの生産農業所得も四一万五〇〇〇円から七六一万五〇〇〇円になり、伸び率は一八・三倍である。茨城県の伸び率は生産額で五・八倍、一戸当たりの生産額で六・五倍だから、旭村の農業の進展は驚異的である。

鉾田町も同様に一九九〇年の産出額は二二六億円、品目別ではメロンが二三・八%（約五四億円）でトップ。豚、カンショ、ゴボウと続く。同町のメロンの生産額は旭村よりやや少ないが、ほぼ匹敵するまでに増えている。

二〇〇四年の産出額は二四三億円となる。米の比重は一九六〇年には二八％あったが、二〇〇四年には五％弱と低下し、野菜が六・三％から五四・四％に増え、乳用牛や豚、鶏も専業農家主体に生産額を伸ばしている。品目別ではメロンが二〇・四％（約五〇億円）でトップを占め、豚が一六・五％（四〇億円）、カンショ、イチゴ、ミズナ、トマトと続く。ゴボウは一九九〇年と比較すると約六割に減少している。パセリ、ニンジン、大根、ミツバ、ホウレンソウ、バレイショ、シソなど多様な野菜がベストテン入りしている。一戸当たりの生産額は四七七万円と旭村には及ばないが、県平均の三倍を超している。

二〇〇四年には一九六〇年と比較すると、いずれも農家数は大幅に減ったが、耕地面積は逆に増えている。したがって、一戸当たりの面積は旭村二二五アール、鉾田町二三五アールと大きく増えている。米麦やカンショなどであればこの程度の面積では経営が成り立たないが、メロンやイチゴ、葉物類などの園芸作物をハウスで栽培すれば十分な規模と言える。

旧鉾田町の農業の特徴は、旭村のメロン、北浦町のミツバなどのようにこれが鉾田の特産品だという品目は少なく、隣接地帯からよさそうな作物と技術が入り込み、それがいつの間にか増えていく。時間が経つと、農家個別でも町全体でも面積が大きいので、生産量が周辺を凌駕していくということである。この地帯では、戦後の米不足の時、平地林や畑を陸田にしたが、一九七〇年から始まる減反政策（米の生産調整）が行われる前から畑に切り換え、メロンや野菜を栽培することが容易という利点もあった。

表 3-2　鉾田市の販売を目的とした主な野菜の作付け状況（2014）

作　目	農業経営体数（戸）	作付面積（ha）	全国順位	1経営体当たり面積（a）
カンショ	725	1,737	2	240
メロン	601	474	1	79
ホウレンソウ	656	41	3	98
トマト	552	263	2	48
イチゴ	225	128	2	57

出典：農林水産省「わがマチ・わがムラ――市町村の姿　グラフと統計でみる農林水産業」農林水産省ホームページ（http://www.machimura.maff.go.jp/machi）。

次に合併後の数値を見ていく。

鉾田市の農業産出額は二〇一四年に六八九億円に達し、全国第三位だということは前に述べた。しかしこの統計では野菜は一括り、イモ類も同様である。品目別の生産額はわからないが、農業経営体の栽培面積はわかるので主なものをあげておこう（表3－2）。

野菜すべての品目で一経営体当たりの面積が周辺の市町村と比較して大きいことがわかる。

同年の畜産を見ると、豚の農業経営体（経営耕地面積が三〇アール以上か農産物販売額が五〇万円以上など）が三五あり、一四万六〇〇〇頭を飼っている。一経営体当たり平均で四〇〇〇頭になる。採卵鶏は三経営体で二九万六〇〇〇羽、一経営体当たり一〇万羽弱になり、大規模経営と言える。

養豚業は、かつては農家の副業として茨城県域で広く行われ、その飼育規模は全国一であった。なかでも県西部から霞ヶ浦北岸および東岸にかけて帯状に集中している。この分布範囲はカンショの主要生産地帯にほぼ重なり合っている。現在の養豚のように配合飼料はなく、豚の餌にカンショや澱粉カス、麦を与えていたことによる。

わが国が高度経済成長期に入ってから、消費者の食料品に対する嗜好が変わり、果物や肉類の需要が増えていった。国は農業構造改善事業を通して畜産団地を全国各地に作り、旧鉾田町でも新規に養豚農家が増えた。しかし、豚コレラの発生や飼料代の高騰などにより新規参入農家は多額の負債を抱えて廃業し、残ったのは従来からの農家であった。現在の養豚農家は約五〇戸あり、鉾田市北部の紅葉、常磐、勝下などに集中している。最大規模の農家は四万頭を飼育し、年間の販売金額は推定で約三〇億円に達している。販売は野菜とは違い、一部を除き個別農家が茨城町にある茨城県食肉公社などで屠殺し、市場でセリによって販売している。配合飼料などの資材購入も個別の対応をしている。

これだけでは同市の農業の細かいところはわからないので、それより前である二〇〇六年の品目別の生産額（表3－3）を見てみよう。

二〇〇六年の鉾田市の野菜の総額は二八九億六〇〇〇万円だが、表3－3でわかるようにメロン

表3-3　鉾田市の農業産出額

(2006年)

（単位：千万円）

豚	1,286
トマト	367
ミズナ	225
ニンジン	102
ダイコン	76
バレイショ	50
肉用牛	18
メロン	1,124
イチゴ	281
米	181
パセリ	96
生乳	64
シソ	26
葉タバコ	18
カンショ	686
ゴボウ	227
鶏卵	105
ホウレンソウ	91
ミツバ	58
スイートコーン	23

出典：農林水産省関東農政局茨城農政事務所編『平成18年　茨城県の生産農業所得統計』茨城農林水産統計協会、2008年3月発行、59頁。

を筆頭に数多くの品目が作付されている。これは全国の大規模農業産地が数種類の品目に特化しているのとは対照的である。二〇一四年には野菜の生産額が三八〇億七〇〇〇万円だから、八年で一〇〇億円近く増えている。一方、豚は二〇一四年が一五一億円だから微増であり、鶏卵も三億円の増となっている。旧町村別の数値はわからない。葉タバコは旧鉾田町域での栽培である。

野菜では生産量日本一を誇るメロンが二位のカンショを大きく引き離し、一一二億円に達している。そのメロンの栽培の歴史は古く、ヨーロッパでは古代エジプト、ギリシャ、ローマ時代に栽培されていたことがわかっている。わが国で古くから栽培されていたのはマクワウリで、万葉集の山上憶良の歌に「瓜食めば子等思ほゆ栗食めばまして偲はゆ」とあり、当時ウリといえばマクワウリを指していた。

今日市場に出回っているメロンの栽培歴は新しく、茨城県がメロン主産県として大きく発展したのは、一九六二年にプリンスメロンが登場してからである。南欧系露地メロンとマクワウリの一代雑種で、甘味が強く、それまで多く食されていたマクワウリにはないメロン的肉質と豊かな香りがあり、プリンスの風格を備えたメロンとして爆発的な人気を呼び、県内各地で畝を覆うことで保温し収穫期を早める「トンネル栽培」によって作られはじめられた。

旭村では造谷《つくりや》の江沼藤次郎がプリンスメロンを導入し、仲間とグループを作り、一九六四年に造谷メロンとして東京江東市場に出荷し、この地域でのメロン栽培が始まった。その前年には食用カンショの高系一四号の栽培も始められた。

一九六四年に大谷農協と諏訪農協が合併して旭村農協が発足し、六六年には農協プリンスメロン部会が結成された。部会員が三五人、五ヘクタールの作付けで七四〇万円余の販売額であった。翌年には部会員は一一五人に増え、出荷も順調に伸び、六九年には販売金額一億三〇〇〇万円を突破した。当時の売り上げは一〇アール当たり二〇万円になり、葉タバコの二倍にもなったので、栽培は急速に広がっていった。

「事業は人なり」と言われるが、旭村のメロンが日本一になった立役者は浅田昌男である。浅田は北海道ニセコ町の開拓農家出身で、農業経済学者の鞍田純が学園長を務めていた内原町の鯉渕学園に入り、卒業後、県のあっせんで営農指導員として合併前の大谷農協に入り、栽培技術の改善、専門肥料の開発などを進め、メロンの共同出荷、共同販売体制を確立し、今日に至る隆盛の基礎を築いた。

一九七〇年代以降はプリンスメロンに加えて、コサック、アンデス、アムス、キンショー、クインシーなどの品種が登場し、プリンスメロンは九〇年代に消えていき、名称もメロン部会に変わる。七一年にはビニールハウスによる「ハウス栽培」の導入と栽培技術の確立が図られ、メロンの後作にレタスを導入し、ハウス栽培の高度利用が図られた。七五年には出荷箱数が一〇〇万ケースを超え(販売金額九億円)、全国トップの熊本市と肩を並べるまでになった。今日のメロン産地は栽培面積、収穫量とも茨城県がトップで、北海道、熊本県と続いている。

旭村農協メロン部会のピークは一九九五年で、部会員四二三人、面積三五〇ヘクタール。異常気象の年だったが、出荷箱数一七五万五〇〇〇箱、販売金額四三億二四〇〇万円で、部会員一人当たりの販売金額は一〇〇〇万円を超えている。この当時はアンデスメロンが、生産量、販売金額の五割を超えていた。

茨城県は鉾田地区農業改良普及所を通して新たな畑作経営のモデルとしてメロン栽培を積極的に進め、近隣の鉾田町や大洋村周辺地域にも普及していった。農家の間では、栽培する作目や農法（農業技術）は行政区域とは関係なく、儲かるとわかれば、試行錯誤はあるものの、成果が上がれば間断なく広まっていく。行政や農協もその後押しをしていく。鉾田町では、旭村に隣接する徳宿や柏熊、青山地区で最初にメロン栽培が始まっている。

この地域でメロンの生産が伸びた理由には、砂地や関東ローム層の赤土がメロン栽培に適した土質であること、収穫に便利な平坦地であること、未墾地解放により自宅宅地の周りにまとまった畑があること、春に海から吹いてくる「いなさ」によって昼夜の寒暖の差が激しい土地であること、メロン栽培の技術に共通するスイカ栽培が行われていたことなどが挙げられる。

このように日本一を誇ってきたメロンだが、栽培には資材費と手間がかかることもあり、近年は生産者の高齢化や担い手不足、加えて新しい果物の台頭によるメロンの消費低迷と価格の低下などで旭村農協のメロン部会員も年々減少し、二〇一四年には二〇〇人を切り、出荷量も一〇〇万箱と減少し、メロン単作でなく、ミズナ、小松菜、ホウレンソウなどの葉物やトマトなどを輪作したり、切り替えたりする生産者が増えている。葉物類は年に何度も作付けられ、メロンのような高度の技術は要らず、回転率がいい。それらはほとんどハウス栽培で、ハウスを一〇〇棟、面積では二ヘクタールを経営している農家もある。以前は桎梏だった労働力は外国からの技能研修生で賄っている。この研修生は、茨城県警察本部の推計では茨城県内だけで農業以外の業種を含めて約一万一〇〇〇人いるが、雇用形態が正規のルートだけでなく複雑であり、賃金の不払い、失踪、不法就労など問題も多く発生しており、労働力の確保は依然としてこの地域の課題として残っている。

カンショ栽培も大型化し、中には二〇ヘクタールの畑に作付けし、裏作にはジャガイモを作り、年間の販売高が一億円に達する農家もある。販売ルートは、農協、出荷組合、業者との契約栽培など農家が選択しているが、最近では出荷組合を通しての出荷は減少し、契約栽培が増えている。カンショだと、イモ菓子加工業者や焼き芋専門店などと契約している。

日本一のメロンの産地である旧旭村は鹿島台地畑作農業の典型とされ、研究者が相次いで実態調査や実証試験に入っていった。ここではその中から二つの研究成果を取り上げ、この地域の課題を整理しておく。旭村だけでなく、この地域共通の課題と考えられるからである。

一つは、農林省農事試験場、農業研究センター、東北農業試験場などで農業経営研究を続けた中島征夫の『地域複合農業の展開論理』（農林水産省東北農業試験場、二〇〇〇）、もう一つは千葉県農業大学校講師（執筆当時）の井上毅『農法変革の歴史論理』（日本経済評論社、一九九七）である。中島は農業試験場の研究チームの一員として一九七〇年代に旭村常盤、冷水《ひやみず》地区に、井上は一九九〇年代に調査に入っている（集落名はA、Bとしか表示していない）。

中島は同書で、旭村での戦前から戦後の陸稲、大豆、原料用カンショ、麦類を基幹作物とした低い生産力と不安定な収益性の「茨城一号」型農業構造を概観したのち、低生産性の粗放農業から収益性の高い畑作物への変化に着目し、一九六〇年代に中心をなす澱粉原料としてのカンショから食用カンショである「高系一四号＋野菜」型農業へ転換した、と捉えている。この変化は常東の甘藷価格闘争が終わった時、すなわち武秀が新しい時代に対応した農業経営を創り出したいという農民の意識の変化を感じ取れなくなった時期とほぼ重なる。

その中心となったのは三ヘクタール以上の上層農で、それまでの年雇を含む豊富な労働力からトラクター、動力噴霧機、農用トラックなどの農業機械整備、貯蔵用のキュアリング庫の設置と畑地の土地改良、灌漑施設の導入への切り替えがなされたことが原動力となった。それまでの手作業による「裸の労働力」に依存していた生産力段階から一挙に高度の機械・施設に跳び、農法の大変革であった。

なお、「高系一四号」とはカンショの一種で、一九七〇年代に入ってから青果用として普及し、一九八五年には全カンショの三分の一を占めた。その後、食味のよい「ベニアズマ」が普及、現在最も栽培されている品種で、主産県は茨城県と千葉県である。

「高系一四号＋野菜」型農業への転換は、冬期間の麦作を排除したことによる地力維持機構の欠如、連作障害の発生という結果をもたらした。一方、収穫作業の機械化は進まず、農薬の多投や過労による病気の多発が問題化し、「人も土も病む」奇形的な土地と作物と人の結合と中島は指摘している。

その上で中島は、地力の低下、連作障害を解消して農地利用を高度化し、生産力を安定させる新作付体系の確立、年間を通した労働時間の平準化、出荷体制の合理化などを目指した実証試験を行っている。その結果、カンショ、野菜類と麦、陸稲などとの輪作体系を組むこと、農業機械の共同利用などの生産・流通調整システムの編成と活動強化を提唱している。さらに、見落としてはならないのは、生産者の過重労働による健康管理問題があると注意を喚起していることである。この時点での耕作面積の目安は三〜四ヘクタール以上であった。中島は、この中ではメロン作についてはほとんど触れていない。

次に、井上の『農法変革の歴史論理』を取り上げる。

本書の副題「波東農社・愛郷会・常東農民運動の水脈」にあるように、井上は本書を波東農社から始める。調査対象とした旭村A集落の農民層は、藩政期に北関東に移り住んだ「北陸浄土真宗門徒」であった。彼らは「入り百姓」「加賀者」といった差別を受けながら、波東農社から払い下げを受けた土地を開墾、熟畑化を行った。昭和恐慌期には橘孝三郎の「愛郷会」に参加し、戦後は山口の「常東農民運動」と共に未墾地解放、反独占農民運動を経験し、高度経済成長と「基本法農政」のもとで大型野菜産地を形成してきた。井上は、この農民層の歴史には日本農業の近代史が凝縮されている、と表現している。

井上のキーワードは「勤労農民的経営」である。この概念は、東敏雄が勝田市（現ひたちなか市）の農民経営を対象として分析した『勤労農民的経営と国家主義運動』（御茶の水書房、一九八七）で定式化している。勝田市域では明治以降、畑作と平地林の結合による商品生産的展開に立脚した農民経営が広範に生まれるが、東はこれを「勤労農民的経営」と名付けた。その経営の特徴を東は、家族だけで労働組織を構成することと勤労精神であり、さらに天皇中心の国家観に自発性をもって統合される可能性がある、と指摘している。

昭和初期に農本主義を唱え、国家主義運動を展開した橘孝三郎は水戸市郊外の常磐村で愛郷会を組織、愛郷塾を開き、「家族的独立小農法」とその共同体が理想の部落組織だと主張し、実践した。橘の考えていた理想部落は、家族的独立小農経営三〇戸とともに組合学校、会堂、病院、機械場、工場、事務所が設置され、部落経済組織は、機械利用組合、消費組合、信用組合、共済組合によって構成される。

愛郷会は那珂郡、東茨城郡、久慈郡などの畑作地帯に二八支部を持ち、鹿島郡では大谷村と諏訪村（いずれも現鉾田市）にあり、広範な農民層、特に自作農を引きつけた。この家族的独立小農経営が大正期を通して形成された勤労農民的経営そのものだと東は言っている。愛郷会諏訪村支部は、肥料・資材の共同購入や共同倉庫の設置、栽培方法に関する情報交換、カンショ新品種の導入などを行い、カンショの収穫や麦の脱穀の際には「ゆい」が広範に行われていた。

農地改革後の戦後自作農体制下でも農業は家族経営が中心であり、彼らの勤労的なエネルギーが戦後の農民的技術革新を生み出し、一定の生産力形成の基礎となった。そして井上は、「農地改革時の土地闘争、技術改良運動、町村合併の紛争、各地の住民闘争と続く農民動向の系譜を見つめると、それは農地解放によって得た農民の自立精神という一本の筋によって結び付けられている。農民の自発性、自立性が自らその動向系譜を作ってきた」という山口武秀の論述をそのまま引用している（同前、二四五頁）。そして井上は、A集落で愛郷会に加盟した農家は、経営面積が大きい地主や自作農、戦後の常東農民組合に参加した農家は小作農が中心であったが、いずれも勤労耕作農民として自立を求めるために闘った運動であった、それら二つの運動の持つ思想・理論がそれぞれの時期において畑作農民経営の実態の上に成り立っていた、と総括している。

井上の調査では、この地域の経営類型は、五ヘクタール以上のカンショを中心とした経営、三ヘクタール前後のカンショ＋メロンなどの施設園芸経営、二ヘクタール以下の施設園芸と、おおまかに分類される。いずれも豊富な家族労働力を擁している。そしてカンショ栽培農家はおおむね借入地を有している。中島が分析の対象としたのは三ヘクタール以上の経営である。

農地改革が終結し、高度経済成長が始まろうとする時期は農民層が経営改革の方向を模索している時でもあった。この時に、米、野菜、果樹、畜産といった成長作物の「選択的拡大」による「構造改革」を柱とした農業基本法が制定される（一九六一年）。そのもとで、麦類、豆類、雑穀は、それらを過剰在庫として大量に抱えるアメリカの圧力によって自由化され、日本農業からは選択的に切り捨てられることになる。

しかし畑作勤労農民にとって、基本法農政の「成長作物」を中心とした選択的拡大路線への経営転換は、在来の普通畑作農業からの脱却を意味した。さらに減反政策がこの動きを後押しした。

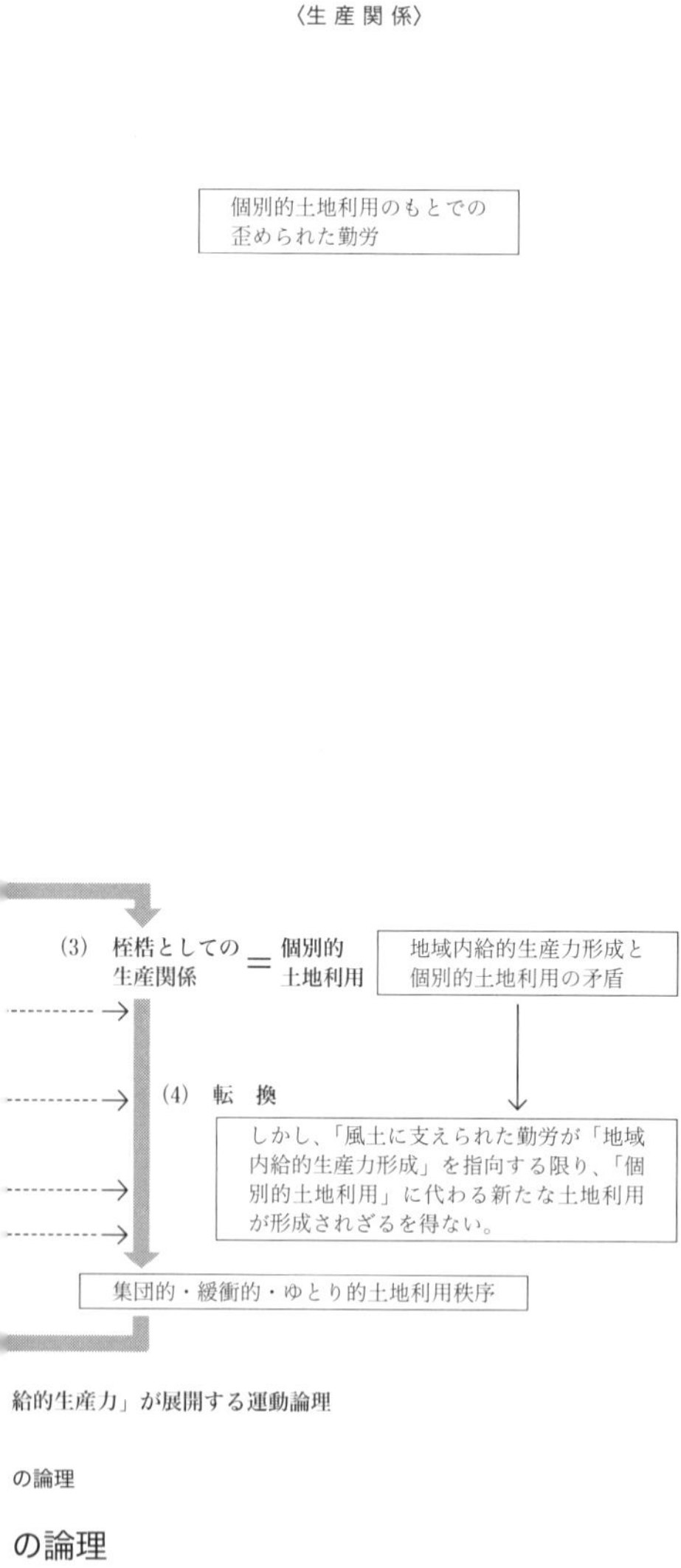

戦後の畑作勤労農民が模索し続けた経営改革は、農業基本法によって上から提起され、旭村（だけでなくこの地域）の農民層はそれを受け入れながら野菜作・園芸作を積極的に手がけ、日本有数の大型野菜産地を形成したのであった。この地域の農民層は、こうした動きを運動に取り込めなかった常東農民組合の運動を乗り越えてしまったといえよう。

しかしこのような農業形態は、中島も指摘したように、「人も土地も病む」症候群の表れであり、生産力の破壊化への過程でもあった。旭村農業の急成長と農民層の経済的「自立」は、労働力（人

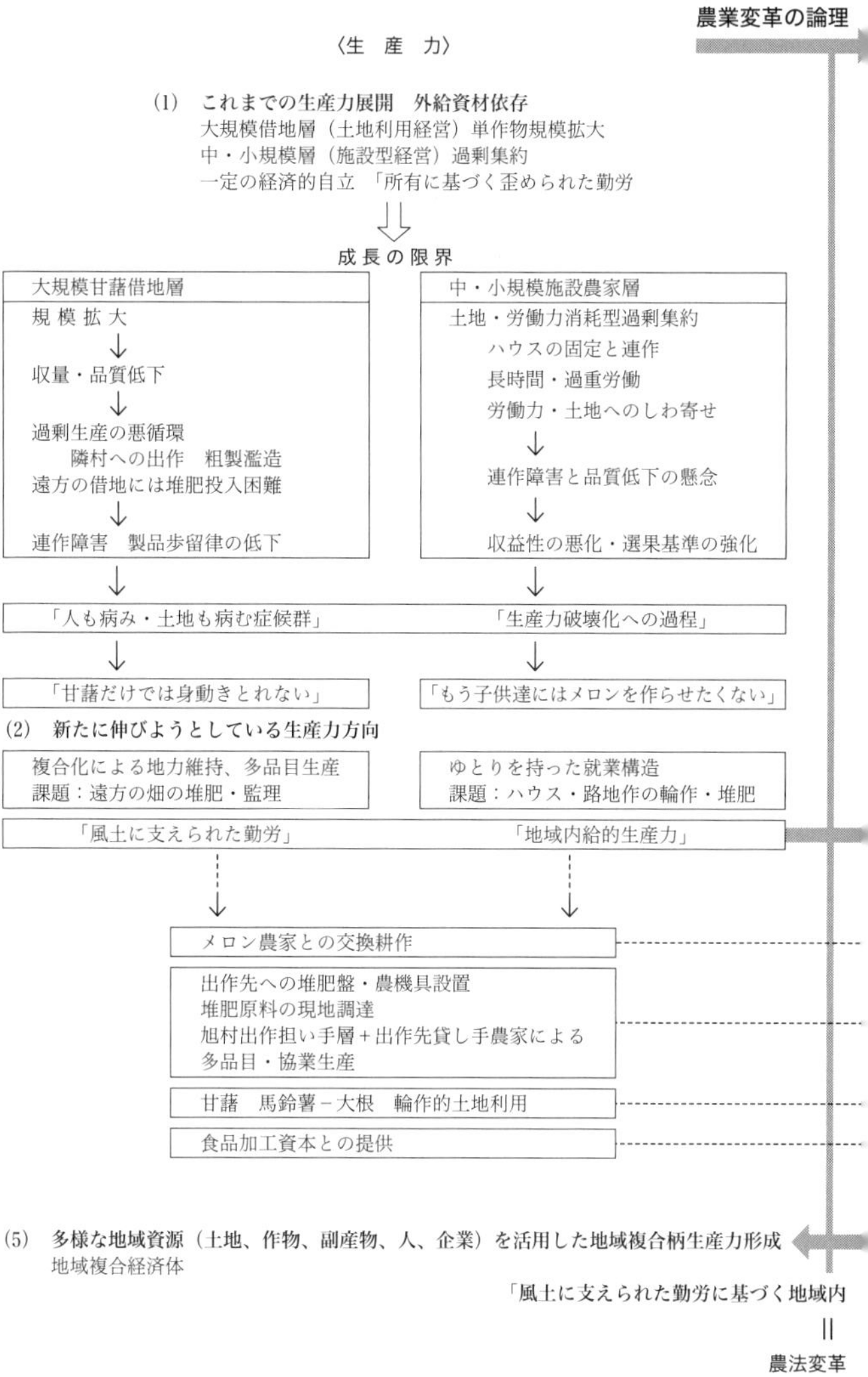
農業変革の論理
〈生　産　力〉
(1)　これまでの生産力展開　外給資材依存
大規模借地層（土地利用経営）単作物規模拡大
中・小規模層（施設型経営）過剰集約
一定の経済的自立 「所有に基づく歪められた勤労
成長の限界
大規模甘藷借地層
規模拡大
収量・品質低下
過剰生産の悪循環
隣村への出作　粗製濫造
遠方の借地には堆肥投入困難
連作障害　製品歩留律の低下
中・小規模施設農家層
土地・労働力消耗型過剰集約
ハウスの固定と連作
長時間・過重労働
労働力・土地へのしわ寄せ
連作障害と品質低下の懸念
収益性の悪化・選果基準の強化
「人も病み・土地も病む症候群」
「生産力破壊化への過程」
「甘藷だけでは身動きとれない」
「もう子供達にはメロンを作らせたくない」
(2)　新たに伸びようとしている生産力方向
複合化による地力維持、多品目生産
課題：遠方の畑の堆肥・監理
ゆとりを持った就業構造
課題：ハウス・路地作の輪作・堆肥
「風土に支えられた勤労」
「地域内給的生産力」
メロン農家との交換耕作
出作先への堆肥盤・農機具設置
堆肥原料の現地調達
旭村出作担い手層＋出作先貸し手農家による
多品目・協業生産
甘藷　馬鈴薯－大根　輪作的土地利用
食品加工資本との提供
(5)　多様な地域資源（土地、作物、副産物、人、企業）を活用した地域複合柄生産力形成
地域複合経済体
「風土に支えられた勤労に基づく地域内
||
農法変革

図 3-1　農法変革

出典：井上毅『農法変革の歴史論理』日本経済評論社、1997 年、276～ 277 頁。

間）と地力（土地）へのしわ寄せの上に成り立っていたのである。浅田昌男は「メロン農家の三割は子供に継がせたくないと考えている」と語っている。

ではどうするか。井上は図３－１「農法変革の論理」のように整理している。中島も指摘していたが、井上は、もはや個別的土地利用を超えた地域内での新たな土地利用、集団的でゆとりある土地利用秩序への転換が要請される、としている。そして、これがもたらす新たな生産力は、他産業、特に食品をはじめとする地場産品の製造、加工業との結びつきを持つことにより、地域複合経済型生産力という性格を備える、と方向性を示している。こうした方向性は次に見る行方市の農業の歩みで見て取れるが、鉾田市での動きからはその道は遠いと考えられる。

３　北浦の「鍬頭《くわがしら》」会議と焼きいもの急速な普及

なめがた農協甘藷部会連絡会は、二〇一七年に第四六回日本農業賞「集落組織の部」で大賞を受賞した。この日本農業賞は全国農協中央会とＮＨＫが主催し、農業経営や技術の改革と発展に取り組んでいる個人と営農集団を表彰しているもので、一九七一年に始められた。なめがた農協の取り組みはあとで詳述するが、受賞は、鹿島行方畑作と台地農業の一つの到達点であると評価しうる。この地域の日本農業賞受賞は二〇〇五年の北浦町鍬頭会議みず菜部会以来であり（優秀賞）、それより前には、一九八七年に波崎町農協青販部会がピーマンで、八九年に鉾田町農協メロン部会がメロンで金賞を受賞している。同連絡会はさらに二〇一七年度の農林水産祭で、多角経営部門で天皇杯を受賞した。受賞理由は「味で勝負する焼き芋販売戦略による地域活性化と農家所得の向上」である。甘藷を軸とした地域づくりと農家所得の向上が実現された、としている。

なめがた農協（現なめがたしおさい農協）は、旧麻生町、玉造町、北浦町、潮来町、牛堀町を区域とする。ここでは、農民運動がもっとも激しかった地域の一つである北浦村（一九九八年に町制施行）と合併後の行方市、なめがた農協に焦点を当てる。

最初に、旭村、鉾田町と同様に、農業の基礎データ、野菜の作付け状況、二〇〇六年の行方市の農業産出額を見ていく（表3－4）。

北浦村（町）は、先に見た旭村、鉾田町とやや違い、北浦沿いに水田があり、一九六〇年の産出額の三分の一が米であった。しかし台地の畑作地帯では、他の周辺町村と同様に、澱粉用のカンショ、陸稲、ラッカセイ、葉タバコ、冬作として麦類が作られ、野菜は四％以下で、粗放的農業経営が営まれていた。

一九九〇年になると、米は八％に下がり、野菜が全体では三七・五％と、三〇年前の米と野菜の比重が逆転する。品目別で見ると、豚がトップで一六・一％、工芸農産物の葉タバコが一三・四％（一五億五〇〇〇万円）、カンショ一一％、シソ（大葉）一〇・三％、鶏卵九・九％と続く。セリ、ミツバ、レンコンなどの野菜も単品でベストテンに入ってくる。葉タバコはこの年には麻生町でも第三位（約一〇億円）、玉造町では第八位（二億二〇〇〇万円）と、台地の畑作地帯で広く栽培されていた。

表 3-4　北浦村（町）農業の基礎データ

		1960	1990	2004
農家戸数（戸）		1,903	1,547	1,224
耕地面積（ha）		2,420	2,440	2,360
1 戸当たり耕作面積（a）		127	158	193
農業産出高（千万円）		75	1,157	1,050
計	（千万円）	63	837	不明
耕種	米	25	94	74
	麦類	2	0	
	雑穀・豆類	24	2	1
	イモ類		140	183
	野菜	3	434	538
	工芸農産物	9	155	77
豚		—	186	63
農家 1 戸当たり生産農業所得（千円）		396	3,700	3,763

出典：表 3-1 に同じ。
注：耕種の項目については主な作目のみを抜粋・記載。工芸農産物は葉タバコ、菜種、サトウキビ、コンニャク薯など油、甘味料、煙草などの原料になる農産物を指す。

二〇〇四年には米の比重はさらに下がり、全体の七％にとどまり、野菜が五割を超える。葉タバコは七億七〇〇〇万円で米よりも多くなる。品目別に見ると、カンショが第一位で約一七億円、鶏卵の数値は不明だが第二位に入り、シソ、葉タバコ、米、ミズナ、セリ、豚、チンゲンサイ、レンコン、イチゴ、ミツバ、ラッキョウ、春菊と続く。新しい作目が入ってきている。

二〇〇四年の一戸当たりの生産農業所得は三七六万円で、一九六〇年の九・五倍と県平均よりも多いが、旭村と比較すると同村の四九％にすぎない。経営規模と米の比重の差が出ている。

次に、合併後の行方市の品目別の生産額を見てみよう。

二〇〇六年の同市の生産額は二三五億四

〇〇〇万円であった。二〇〇四年の北浦、玉造、麻生三町の産出額の総計は二四三億五〇〇〇万円であったから、二年間で八億一〇〇〇万円減っている。二〇〇四年の三町の構成比は北浦が四三%、麻生が三〇%、玉造が二七%であった。同期間で鉾田市（鉾田町、旭村、大洋村）は逆に一億四四〇〇万円増えている。

行方市の農業もその作目は多様であり、米、畜産を除くと、カンショ、ゴボウ、バレイショ、葉タバコの土地利用型農業とイチゴ、セリ、シソ、ミツバなどの葉物類に集約化された施設園芸型農業とに大別される（表3－5）。

では、二〇一四年の同市の生産状況はどうなっているか。

産出額は二四二億二〇〇〇万円で、内訳は米が一〇%、イモ類が二三%、野菜が四五%、豚が一〇%、鶏卵が六%という構成比である。イモ類はカンショとバレイショである。鉾田市と同じように、品目別の生産額はわからない。作付面積で一〇〇ヘクタールを超えるのは土地利用型であるイ

表 3-5　行方市の農業産出額

(2006 年)

(単位：千万円)

カンショ	368
レンコン	107
ミズナ	81
キュウリ	42
米	276
セリ	104
春菊	78
ホウレンソウ	39
豚	220
チンゲンサイ	97
ラッキョウ	77
ゴボウ	30
イチゴ	137
シソ	93
トマト	55
バレイショ	29
鶏卵	118
葉タバコ	91
ミツバ	50
生乳	28

出典：表 3-3 に同じ。

モ類のカンショの九九七ヘクタール（四七四経営体、一経営体当たり二・一ヘクタール）とバレイショの二二一ヘクタール（二三〇経営体、一経営体当たり九六アール）だけで、カンショが圧倒的に多い。

北浦村といえば、かつてはミツバとセリが有名で、「ミツバ王国」と呼ばれていた。ミツバは小貫の本澤皓が一九五二年に千葉県沼南町の知人から栽培法を教わり、翌年から仲間と栽培し、販売を始めた。当時、換金作物の代表であった葉タバコでさえ反当たり五万円の粗収入が最高であったが、高級野菜のミツバは一〇万円になった。労力はかかるが、農閑期とされてきた冬の作業であり、しかも資材をあまり必要としないミツバの栽培は急速に増えていった。五五年には北浦みつば出荷組合（㊗、㊂、㊉）の三つの出荷組合が結成され、翌年には連合会の結成に進んだ。この時点で組合員は一二三名になっていた。ブランド名は「北浦みつば」に統一された。当時は東京市場への輸送と販売代金の精算業務が大変だったようである。五九年に牛堀町の鶏卵輸送業者に頼むまでは、栽培者が交代で、麦わらコモで梱包したミツバを背負い、かつ両手に下げ、神田市場に並べていた。

ミツバの生産者はその後増えつづけ、出荷組合員は一九七〇年には一三〇〇人にまで増え、支部も北浦村を中心として麻生町、玉造町、大洋村、大野村、鉾田町、旭村、小川町にまで広がっていった。出荷先は京浜市場が中心である。同組合の出荷品目はミツバだけでなく大葉（青シソ）、カンショ、ケンタッキー（インゲン）、エシャレット、葉ショウガ、小ネギなど、現在では六〇に及ぶ。根を切って出荷する切りミツバは、一九七〇年代には東京市場での占有率が七〇%を超え、現在でも全国一位の生産量があり、大葉は全国二位である。

セリは津澄地区山田の大里惣吉が一九六二年頃に野生のセリを採取して栽培を始め、他から導入した種セリを増殖して増やしていった。栽培地は北浦湖岸で、減反政策が始まった七〇年代に、温暖な気候と豊富な地下水に恵まれ、七六年には出荷組合が結成され、栽培は急速に増えていった。この出荷組合も、セリだけでなく、レンコンやケンタッキー、エシャレットなども一緒に出荷した。

この二つの事例や大葉、シュンギク、葉ショウガ、エシャレット、イチゴ、ハウスキュウリなど北浦の多くの作物は、行政や農協の指導で栽培を始めたのではなく、民間の技術や市場からの情報提供など、最初は独自の道を歩んで導入されてきたということである。これらの作物は、いつ誰がどのようにして導入したのかがわかっている。それを見ると、北浦の農民たちは市場や消費者のニーズに敏感に反応し、即座に対応し、作付けを増やしてきたと言えよう。

村内の三農協が合併したのは一九七一年だったが、当初は欠損金を抱えていて、組合員の評価は低かった。農協が米麦以外の品目に力を入れるようになったのは、低温貯蔵庫やレンコン集荷所などを建設した一九八〇年代になってからである。

北浦村は一九八八年に「北浦村農業振興計画基本調査報告書」をまとめた。先に見たこれまでの自生的な農業では、土地利用、市場対応、出荷組合の乱立と競合、過労による健康被害、「嫁不足」など多くの問題、弱点を抱えていて、個別の農家や出荷組合での対応には限界がある。それを打開しようと、村は農水省農業研究センターや筑波大学などの研究者を集め、提言をまとめた。そして「魅力ある農業・住みよい農村の建設」という総合目標を定め、銘柄産地の形成、土地利用型畑作農業の確立、消費者と提携した減農薬・有機栽培による産直、の三つを展開の方向とした。報告書は、それを実現するための営農戦略、推進組織、役割分担などをまとめた。この報告書に基づき、村は農業振興センターを設置した。このセンターは、行方市発足後は市全体の農業振興の中心となっている。

この計画策定に積極的に加わったのが、村の先進農家の若者、担い手たちであった。その人たちを集めて、一九九〇年六月に北浦村鍬頭会議が発足した。

鍬頭とは字の通り、農家で先頭に立って作業する人のことで、当初の会員は三七人、すべて二〇歳代後半から三〇歳代の人たちであった。会員の経営内容は、施設野菜、セリ、レンコン、葉タバコ、カンショ、キノコ、養蚕、豚、酪農など出荷も出荷組合や農協など多様であった。こうした枠を乗り越え、鍬頭会議は地域農業の振興は農業者自身の手で行うことをモットーに、人づくり、土づくり、道づくり、まちづくりを四つの柱に掲げ、主要品目の研究会や専門委員会を立ち上げた。そして新規作物の導入と産地化、部会の設置など、さまざまな農業振興施策を行政や農協などと連携しながら進めていき、地域農業づくりの主役となっていった。

鍬頭会議は都市住民との交流、中学生の農業体験、学校給食への地元野菜の提供、海外での農業研修などを実施してきた。会員はピーク時には一五〇人いたが、メンバーの高齢化が進み、活動も停滞し、次世代の後継者たちが新しい部会を設立したことなどにより、二〇一六年二月に幕を閉じた。しかし現在でも、このメンバーの多くは行方市農業の中心的役割を担っている。

鍬頭会議が中心となって組織したものとして、メロン、カンショ、レンコン、大葉などの研究会と、産直、農業活性化、流通、販売対策などの委員会が挙げられる。会議のメンバーがもともと鍋物用の京野菜であったミズナを二〇〇二年に導入したが、これがサラダ食材として大ヒットし、関東地方の先駆者となり、現在では日本一の産地になっている。ミズナ部会は二〇〇五年に日本農業賞優秀賞を受賞している。

一九八八年に行方郡内の六農協が合併し、なめがた農協が発足した。組合員が一万人を超え、茨城県内では二番目の広域合併であった。現在の行政区域は行方市と潮来市である。同農協を全国ブランドにしたのは、二〇〇三年にスーパー店舗内で焼き芋販売を始めたことであった。それまで焼き芋の販売は冬期の引き売りが主で、女性や子供に人気はあっても高額であった。それを、いつでも手軽な値段で買えるようにと、スーパーの店頭に大型の電気オーブンを導入した。この方式はこれまでの焼き芋販売の常識をまったく変えた新しい販売であり、焼き芋ブームの火付け役となった。

初年度は静岡県内のスーパーの五〇店舗で焼き芋を販売したが、翌年には芋が硬い、おいしくない、うまく焼けないなどと不評を買った。消費者と販売の現場は「いつ食べても安定しておいしい焼き芋」を求めていることがわかり、農協は県の農業改良普及センターや農業研究所などと連携し、何度も焼き方の試験を繰り返した。その結果をまとめて「焼き芋マニュアル」を作成、いつでもどこでも誰がやってもおいしい焼き芋を提供できるようにした。

同時に、カンショの種類によって焼き芋のおいしい時期が違うことがわかったため、品種を紅優甘、べにまさり、紅こがねの三種類にし、それぞれが最もおいしくなる時期に合わせて出荷ができるようにした。農協ではさらにキュアリング施設や芋を長期保存できる定温・定湿貯蔵施設などを整備してきた。現組合長の棚谷保男は、農協の営農指導員として組織の育成や品質の向上、新品種の導入、販売先の拡大などに力を入れてきて、今日の隆盛の基礎を築いた。

こうした努力の結果、二〇一五年にはカンショの栽培面積が七〇〇ヘクタール、販売高が三七億円、販売単価がキログラム当たり二二〇円、焼き芋販売店舗数が二〇〇〇を超え、まさに独壇場である。現在、焼き芋はスーパー店頭だけでなく、コンビニエンスストアでも販売されている。

その母体となった農協の食用甘藷部会は合併前の麻生町農協で、一九七六年に部会員三五名で発足した。二〇一九年現在では二四七名の部会員がいる。栽培面積は七四〇ヘクタール、一人当たりの販売高は約一五七〇万円になっている。二〇一一年に農協管内で一二二ヘクタールあった葉タバコ栽培が作付けを止めた（廃作した）ために、カンショの栽培が大幅に増えた。その影響もあって一四年には農協の販売高が一〇〇億円を超え、青果物が九割を占めた。カンショの主な作付け地は霞ヶ浦と北浦に囲まれた台地であり、ここでも北陸浄土真宗門徒の人たちが活躍している。

同農協は二〇一五年一〇月に、行方市と大学芋で全国八割のシェアを持つ白ハトグループと提携し、「なめがたファーマーズビレッジ」を開設した。廃校になった小学校を活用し、四五億円をかけて焼き芋のミュージアム、地元野菜を使うレストラン、ファーマーズマーケット、加工工場、農業体験施設などを整備した。敷地面積は三三万平方メートルある。

この施設はカンショを主役にした体験型農業テーマパークである。この開設により加工用カンショの栽培が増え、新たな雇用も生まれた。加工用カンショの栽培農家は無洗浄、コンテナ出荷なので労力が大幅に削減され、これまでは廃棄していた規格外品も出荷できるメリットがある。この施設によって、地域交流と食育教育、農商工連携、耕作放棄地の活用などが進められている。

4 「鹿島開発」と農業

これまで、戦後の鹿行《ろっこう》地域の農業がどのように変わってきたのかを見てきた。最後に行政側から「後進性の脱却」を目指した「鹿島開発」と農業の関わりを見よう。

序章で触れたように、「鹿島開発」は、茨城県の「後進県からの脱却」の切り札として登場した。一九六四年に知事に当選した岩上二郎は、新しい県政の方向として「後進性の脱却」「貧困からの解放」を掲げた。岩上は、「後進性ということは、自然条件や経済条件が整わないとか、本県はいなかだからという意味でいっているのではなく、ものの考え方が遅れていることをいっている」と考えた（茨城県農業史研究会編『茨城県農業史　第六巻』茨城県農業史編さん会、一九七一、二七九～二八〇頁）。

これまで見てきたように、茨城県の農業は利用度の低い未墾地が多く、大市場に近接する全国有数の畑作地帯でありながら商業的農業の発展が遅れ、米麦中心の経営が支配的であった。特に鹿行地域はその傾向が強かった。岩上はそのことを踏まえ、「後進性の脱却」を県政の中心課題とし、農業の「近代化」による農業所得の向上と工場を誘致して農外所得を加えることによって、県内で最も貧しいと考えられていたこの地域の産業の体質改善と所得の増大を図ろうとした。

茨城県は岩上の考えに基づき、一九六五年に「工場誘致条例」を制定し、「鹿島灘沿岸地域総合開発の構想」を策定した。鹿島開発の試案をまとめた翌年に作成した「鹿島臨海工業地帯造成計画」(マスタープラン)によれば、「鹿島工業港の建設及び霞ヶ浦を水源とする工業用水道計画を中核とする臨界地域に、四千ヘクタールの工業地域を造成するとともに、交通網の整備と相まって、数千ヘクタールの住宅地を開発し、鉄鋼、石油、化学、機械等の総合的臨海工業地帯の実現とあわせて、機能的近代都市の形成」を図ることが謳われている。

一九六三年にはこの地域は国から工業整備特別地域に指定され、その前年に策定された全国総合開発計画(全総)が掲げた拠点開発方式の実践として事業が進められていった。岩上の「後進性の脱却」と国家プロジェクトによる巨大開発がリンクし、「貧困からの解放」と「農工両全」をスローガンとして「鹿島開発」は進められていった。

計画区域は旧鹿島町、旧神栖町(当時は神栖村)、旧波崎町の一部の約二万ヘクタールで、目標年次の一九七五年には、工業地域四〇〇〇ヘクタール、準工業地域一六七〇ヘクタール、住居地域四〇〇〇ヘクタール、商業地域三三〇ヘクタールを造成し、一〇万トン級の船舶が入港可能な工業港、日量一一〇万トンの供給能力を持つ工業用水道を整備し、人口三〇万人の工業都市の形成が構想された。

一九六四年に用地買収が始まった。その取得方式は「四割提供、六割還元方式」（いわゆる六・四方式）と呼ばれた。計画区域の大半は農地と山林原野であり、開発を推進するには農民の協力を取り付けることが絶対条件であった。この地域の農民は戦前から小作争議の伝統を持ち、戦後は常東農民運動の影響下にあった。開発に当たって農地、山林、宅地の全面買収を強行すれば、地域住民との全面衝突が予想された。

そのために、県は農地を残すことを前提にした開発計画を立案せざるを得なかった。開発区域に土地を所有する地権者に所有地の四割を工業用地として提供させ、残りの六割の土地で営農を継続させるという方式であった。具体的には、平等負担に基づく土地提供、土地区画整理法による無償減歩と開発に伴う地価上昇による減歩負担の相殺、単純買収（有償取得）と代替地提供（還元方式）の抱き合わせ等の方法を組み合わせたものであった。用地取得のために鹿島臨海工業地帯開発組合が設立され、県から派遣された職員が用地取得に当たった。

開発の計画面積も多かったが、区域内の移転予定住宅は一五九〇戸という大掛かりなもので、一九六八年三月までに目標面積の八割、九〇年までに九二・五％の買収が進んだ。反対運動についてはあとで触れる。

用地の取得が進むにつれ、工場や港湾の建設工事は急ピッチで進められ、一九六九年に住友金属鹿島製鉄所が操業を開始し、同年に鹿島港が開港、翌年には国鉄鹿島線も一部で営業運転を開始し、鹿島臨海工業地帯の鉄鋼・石油コンビナートの形が整った。その後、七三年に鹿島臨海工業団地造成事業完了の公告がなされ、翌七四年に茨城県は開発収束の宣言を出した。鹿島開発に係る施設設備は一九九三年度までに五二七五億円を費やした。主なものは鹿島工業用水道事業（八四八億円）、埋立事業（五六四億円）、鹿島線建設事業（五二〇億円）、工業団地造成事業（四九七億円）、道路整備事業（三七七億円）、農地整備事業（三三〇億円）などである。

鹿島コンビナートの最新の数値を見ると、事業所数が二七三社、従業者数一万九三七二人、製造品出荷額二兆二六四五億円（二〇一三年）である。鹿島地区の県内シェアは、日立・ひたちなか地区の産業集積規模が大きいこともあって二〇・八％となっている。

しかし、コンビナートの地元への貢献度は高くない。一九八〇年の県の調査結果では、鹿島に進出した企業の従業員は約一万五〇〇〇人（うち女子は九〇〇人）で、男子従業員の八割、女子の二八％が県外出身者であり、地元の雇用機会は期待されていたほどではなかった。鹿島地区に進出した鉄鋼・石油化学の企業群は大規模な技術革新とオートメーション化によって多くの人手は不要であり、関連・下請企業も極めて少なかった。こうした点で茨城県内での日立・ひたちなか地区の産業構造とはまったく違うので、不熟練労働者の雇用を必要としなかった。逆に、鹿島の企業に労働力として吸引されなかったがゆえに、周辺地域の農業の進展度が際立っていると言えよう。

「鹿島開発」のスローガンの一つは「農工両全」であった。農業と工業とを共に発展させるというものである。土地を主要な生産基盤とする農業と工業、さらに都市と農村とが並立して発展することは現実にはありえないことだが、岩上の言う「農工両全」はそれとは違い、岩上独特の政治哲学、政治思想用語である。「強きもの――国家権力、中央集権、大企業を導き手とする『工』の概念に対して、弱きもの――貧しき者、弱き環境にある農林・中小企業・漁業、最も恵み薄き階層、さらには地方自治体、僻地等を含めた概念を私は『農』としているのである」。その考えに基づき岩上は「現在の資本主義の中で、そこに港をつくり工場を建てて、それを一つの手段として農業の変化を促し、住民全体の生活向上に役立たせるために立ち上がった」（鹿島町史編さん委員会編『鹿島町史　第五巻』鹿嶋市、一九九七、一八〇頁）。

では、現実はどうであったか。

「農工両全」の考えは、農業と工業の共存を意味するのではなく、開発を契機として農業の高度化を図り、農業経営の発展を目指すという内容を含んでおり、そのために手厚い農業対策が展開されていった。目標とする経営像は「都市消費者を対象とした商品生産農家の経営、すなわち従来の耕地の広さによった農業所得を、耕地の広さに依存しない集約的経営に転換することによって、今まで以上の農業所得を確保する」（鹿島開発史編纂委員会編『鹿島開発史』茨城県、一九九〇、一六三頁）というものであった。

県が示した部門別の計画を見ると、耕種部門では、米麦偏重の作付方式を改め、園芸作物、特にビニールハウスによるキュウリ、トマト、ピーマンの栽培、温室利用の花卉、観葉植物の栽培に重点を置いた特産地の形成が、畜産部門では、豚の多頭集団飼育や集団養鶏を主にした畜産振興が謳われている。

「農工両全」の理念を具体化するために、用地買収が始まった一九六四年に農業経営改善対策事業が始まり、手厚い農業対策が展開されていった。トンネル栽培、ビニールハウス、ガラス温室、豚舎、鶏舎などの建設に五割の補助金が出され、八三年度までに二〇億円の補助金が支出された。そのうち、事業の六割は、開発の中心である神栖町で進められていった。

バラ色に彩られた「農工両全」をうたい文句にした「鹿島開発」は農業の発展に寄与したのであろうか。全体を通して言えることは、「鹿島開発」は農業の著しい衰退を招いた。農業経営改善対策事業の対象となった一部のモデル農家を除いて、農業の大部分を破壊してしまった。経営耕地面積の縮小、農業人口の減少、特に専業農家の減退、第二種兼業農家の増大、不安定な農外収入などの面にそれが表れている。「鹿島開発」前の一九六〇年と二〇一五年を比較すると、農家戸数は鹿嶋市（旧大野村を含む）で三〇・一％に、神栖市で二九・四％にまで減少している。農地面積も鹿嶋市が五八・九％、神栖市が五二・九％と半分近くまで減少し、特に神栖市の畑は三二・七％と三分の一以下にまで減少している。神栖市の数値には旧波崎町の数値も含まれているので、旧神栖町だけを取ると、さらに低いことになっている。

そうした結果を茨城県議会は次のように見ている。一九七〇年三月に茨城県議会に設置された鹿島地域整備調査特別委員会は、同年一一月の議会で調査の結果を報告した。そこで根本清蔵委員長は「鹿島企業進出の同地域内における農工両全のユートピアは、実体的に存在しないし、現に鹿島の企業の中心地は、企業進出の巨大な陰に農家の存在はかすみ、時間的に観察するならば、やがてその姿を見失ってしまうであろう」（同前、一七三頁）と述べている。また、一九七一年に慶應義塾大学医学部が行った「鹿島における公害意識調査」の結果でも、実に農民の八三％が「農工両全はうまくいっていない」と答えている。鹿島町史編さん委員会が一九九二年に実施した「鹿島開発」に関するアンケート調査結果でも、「農と工が調和発展」と答えたのはわずか一五％で、「もともと農工両全は無理」が四一％、「土地を取得するための手段」が一六％という内容であった。

全体では「農工両全」は失敗に帰したといえるが、農業で唯一残っている作物はピーマンの栽培である。ピーマンの栽培は一九四九年に旧波崎町柳川地区で米軍用の野菜として始まった。その後、農業用ビニールの発達によりトンネル栽培が普及し、波崎町だけでなく神栖町、鹿島町へと栽培面積が増えていった。この地域から出荷されるピーマンは「鹿島ピーマン」と呼ばれている。

「鹿島開発」による農業経営改善対策事業の中で、施設への五割補助制度はパイプハウスへの転換を容易にし、土地利用型農業から施設集約型農業へ転換する導火線となった。米の生産調整が始まった一九七〇年頃にはピーマンの収益はコメの七倍に達した。栽培面積と出荷量のピークは一九九〇年前後で、三町で約五百ヘクタール、出荷量は二万トンを超した。波崎町農協青販部会は一九八七年に日本農業賞の金賞を受賞している。

二〇一五年には面積はやや減少しているが、神栖市で三四〇ヘクタール、鹿嶋市で二九ヘクタール、生産農家は六〇〇戸を超えている。同年のピーマンの県全体の産出額は一三〇億円で、日本一の座を守っている。

旧波崎町では、ピーマンの他に明治末期から栽培が始まった正月の飾り物になるセンリョウ（千両）、一九六五年頃から千両栽培の副業として始められた若松の栽培が盛んであり、東京中央卸売市場で扱われる松の八割、千両の六割が茨城県産である。二〇一五年の茨城県産の切り枝（千両、松を含む）の産出額は二九億円で、やはり日本一である。

「鹿島開発」計画に伴う用地取得などはスムーズに進行したのであろうか。そうはいかなかった。まず、港湾建設予定地の神栖町（現神栖市）居切浜、深芝浜、池向地区では絶対反対が唱えられ、鹿島町（現鹿嶋市）泉川地区でも開発反対の意思を表明された。しかし、本格的な反対運動が起きたのは一九六三年三月に鹿島町の黒澤義次郎町長が「愛町運動」を始めた時からである。佐久間弘は『鹿島巨大開発』の中で鹿島開発反対運動を次のように四期に分けている（御茶の水書房、一九七六、一四一～一四二頁）。

第一期　一九六三年三月～一九六七年一月　愛町運動の段階。

第二期　一九七〇年八月～一九七一年十二月　公害闘争の前期。鹿島共同火力発電所建設反対闘争から鹿島地区公害対策協議会（鹿島公対協）の結成を経て、大気汚染自主測定やシアン流出抗議闘争など公害摘発闘争の初期段階。

第三期　一九七一年十二月～一九七三年十月　鹿島公対協が全力を挙げて第二期工業用水反対闘争に取り組んでいた段階。

第四期　一九七五年二月～　成田新東京国際空港へのジェット燃料暫定反対闘争の段階。

「愛町運動」は、造成された土地を企業に譲渡する土地処分権限を、開発組合から県に移管することに黒澤町長が反対したことに始まる。黒澤は、土地処分権の移管によって「進出企業に対する地元町村の発言が封じられる」と反発し、開発に反対することを明らかにした。この背景には、開発計画に対して鹿島町民が県からも国からも何の相談も受けず一方的に計画を押し付けられたことがあった。この時点では、鹿島開発絶対反対ではなく、「鹿島方式＝土地取得の六四方式」による開発反対などであった。

黒澤は愛町計画運動本部を結成し、議会で強制収用を可能にする「首都圏整備法による市街地開発区域指定」が議決されるのを阻止するために、選挙違反事件で町長の座を去るまでに議会を一度も開かず、予算等は専決処分で押し通した。

次の町長選挙（一九七六年四月）でも開発反対派の永野武勇が辛勝したが、同派の多数の幹部が選挙違反に問われ、その後運動は崩壊していくことになった。愛町運動の中心は経営面積の大きい専業農家で、四割の土地を提供すれば農業生産基盤が崩壊するので必死だった。逆に、経営面積の小さい兼業農家は、愛町運動には消極的ないし無関心な者が多かった。この運動の欠陥は、下から自主的に作られた住民組織ではなく、町長・黒澤の絶大な指導力のもとに作られた、いわば官製の組織であったことだと言われている。国や県側からの脅迫、買収、弾圧、居直り、だまし討ち、分裂工作などを愛町運動ははね返せなかった。

『鹿島町史』はこの愛町運動について次のように書いている。

愛町運動は、その後さまざまな開発反対運動を展開していくが、昭和四一年黒澤町長を選挙違反で失い、永野町長選でも大量の選挙違反者を出し、かつ内部での過激な相互批判・対立も深刻化し、組織の弱体化は避けられなかった。さらに、どのような町づくりをするのかという明確なビジョンを提示することもできなかった。こうした弱点をもってはいたものの、愛町運動はお上がお膳立てした開発行政に待ったをかけ、地方自治とは何かを住民自身に問いかける役割を果たした。のちの『鹿島地区公害対策協議会』や『鹿島市民会議』にその反権力という思想が受け継がれていった（前掲『鹿島町史　第五巻』二二七頁）。

「愛町運動」の思想が受け継がれていったとはいえ、その後の反公害闘争は、鹿島開発から生ずる矛盾を当初から公害問題に限定するものであり、開発自体に打撃を与えるには至らなかった。では、「鹿島開発」に常東農民運動の闘士たちはどう関わったのか。山口武秀と市村一衛の行動については前節で見たように、「鹿島開発」は反独占闘争の格好の舞台であったのに、市村は開発推進派に身を置き、武秀は傍観していた。常東オルグであった柴田友秋や佐久間弘（柴山健太郎）は、武秀と別れ、黒澤の依頼を受けて愛町運動に加わり、後に鹿島町長になった五十里武は鹿島町役場に就職した。総じて、常東の経験や蓄積は、怒涛の如く押し寄せた巨大資本と国家権力の前では蟷螂の斧でしかなかった、と言える。

最後に、「鹿島開発」をどう見るかについて、茨城県が開発収束を宣言した一九七四年時点での茨城大学地域総合研究所の評価（同研究所編『鹿島開発』古今書院、一九七四、三二四〜三二六頁）を紹介しておこう。四〇年を経た今日でもその評価は妥当である。

「今日では『農工両全』の理念が完全に空洞化したことを疑う者はほとんどいないであろう。元々『農工両全』のキャッチ・フレーズが出された時期は、そろそろ全国的に農業人口の減少が顕著になりだしたころであった。その意味で、それは幻想的というよりも欺瞞的な感じのする文句であった」。「『貧困からの脱却』のキャッチ・フレーズについてはどうか。たしかに地元住民の生活水準はある程度向上した。しかしそれは土地の切り売り食いの上に咲く仇花的消費文化にすぎない」。「また『人間性の勝利』にしても、住民意識の調査の示すように、暗い現実と未来における悪化の予感とが圧倒的比重を占めている。かつて存在した淳朴な気風にかわって、西部劇的人情風俗が毒々しく日本列島の『東部』に充満しているのである。以上のように、理念と現実のギャップはきわめて大きく、中でも『農工両全』にいたっては、理念自体消滅したかの感がある」。「鹿島開発は茨城県の独自現象ではない。それは昭和三〇年代以降、超高度成長をとげた日本資本主義が、太平洋沿岸ベルト地帯のいたるところで試みた数多くの地域開発のひとつにすぎないのである。したがって、鹿島開発は何人が茨城県知事であろうとも、おそかれ早かれ、独占資本総体の側から『要請』されたにちがいない」。

また、反対闘争に関わった佐久間弘は「鹿島開発」の本質と反対闘争について次のように評している。

一九六〇年代の日本の高度成長の六割以上をまかなったのは、瀬戸内海沿岸のコンビナート群である。これらのコンビナート群の経験を集大成して建設されたのが鹿島臨海コンビナートだった。独占体と自民党政府にとって、鹿島開発は、関東における一大生産基地であるとともに、日本最初の『過疎地コンビナート』として、新全国総合開発計画にもとづく巨大開発の尖兵であり、一大実験室なのである。それだけに鹿島開発反対闘争は、愛町運動の段階から国家権力の側からのはげしい弾圧をうけざるをえなかった（前掲『鹿島巨大開発』ii頁「序に変えて」）。

第二部　農協と田園都市と山口一門

山口一門

写真提供：日本文化厚生農業協同組合連合会

第四章　水害常襲地だった玉川地域

1　玉里御留川

山口一門《いちもん》（以下一門）が活動の舞台とした茨城県の旧玉川村は「昭和の大合併」で、町村合併促進法により一九五五（昭和三〇）年三月に田余《たまり》村と合併し、新治郡玉里《たまり》村となった。田余は「常陸国風土記」に出てくる古い地名である。両村は一八八九（明治二二）年に、市制町村制により誕生した。玉川村は下玉里村と川中子《かわなご》村が、田余村は上玉里村、田木谷《たぎや》村、高崎村、栗又四箇《くりまたしか》村の四村が合併し、それぞれ大字となった。江戸時代には栗又四箇村だけが旗本知行地で、その他は水戸藩に属していた。五〇年の歴史を刻んだ玉里村は、「平成の大合併」で二〇〇六年三月に隣接の東茨城郡小川町、同郡美野里町と合併し、小美玉市となって現在に至っている。

まず、古くから田余村と玉川村は地勢、産業経済などで一体だったのが、一八八九年になぜ二つの村に分離したのかということに触れておく。

玉川村となった下玉里、川中子地区は霞ヶ浦に面し、霞ヶ浦の増水によって長いこと水害に悩まされてきた。そのために明治初期に湖岸に堤防が築造されたが、完全に水害を防ぐことはできず、豪雨になると、堤防があるために湖岸地域は冠水する状態だった。

しかし上玉里、高崎地区は高台にあるため、ほとんど水害を受けなかった。そのために、堤防の修理費などをめぐって利害が対立し、それぞれが独立した村となったと伝えられている。一九五八年に編まれた『茨城県市町村合併史』(茨城県総務部地方課編、茨城県地方自治研究会)は、両村の関係を「(玉川村は)新村の田余村に合併して一村となるのが適当であるが、田余村とは旧来の水利その他の利害相反していて、とうてい合併は望むことはできず」と記している。

村は石岡台地の東端にあり、西は石岡市に接し、東は小川町、北は美野里町である。南部の川中子、下玉里、高崎は霞ヶ浦に面している。霞ヶ浦の北西端、玉里村、石岡市、出島村(現かすみがうら市)に囲まれた入江を高浜入という。江戸時代初期に水戸藩は高浜入漁場を指定漁場(御留川《おとめがわ》)とし、運上金(入漁税)を取って藩の財源とした。一般に川とは、降水や湧水が地表の低いところを流れ、次第に大きくなり、海や湖へ達する。しかしこの地域の「川」は常識的な川ではない。霞ヶ浦沿岸の住民にとって「川」は生活と切り離せない霞ヶ浦そのものを指す。漁業の面では、「川」は魚の集まる所で、漁場を意味する。その御留川には御川守(下玉里の鈴木家が代々その役を担っていた)を置いて一般の人の漁は禁じられていた。

御留川の範囲は、東は下玉里村大井戸稲荷ノ森から対岸の安食《あんじき》村(現かすみがうら市)柊塚《ひいらぎづか》を結ぶ線まで、西は高崎村鉾ノ宮から三村（現石岡市）境堂を結ぶ線までであった。この範囲に漁場（網引場）が二四あった。霞ヶ浦は魚種が豊富で、コイ、フナ、ワカサギ、マルタ、ウナギ、ナマズ、エビ、ドジョウなどが獲れたが、コイが最重要視され、藩主さらに幕府への献上も頻繁になされていた。魚だけでなく、鴨類、白鳥、シギなどの鳥猟も盛んに行われ、水鳥運上が課された。運上に占める割合は多かったという（玉里古文書調査研究会編『水戸藩玉里御留川』玉里古文書調査研究会、二〇一〇、三七頁）。

幕藩体制が崩壊し、版籍奉還により一八七〇（明治三）年に御留川制度が廃止され、沿岸の水域が水戸藩のものでなくなった。以後、一般漁民が自由に操業できるようになった。明治維新後の一八七六年に下玉里村が県に申請した「営業願」によると、同村一一六戸の約半数が漁業に関わっており、村には魚問屋、飲食商い、宿屋などがあり、この地域は漁業によってかなりのにぎわいを見せていたことがわかる。

下玉里の他、高崎、川中子も霞ヶ浦に面しており、半農半漁の家が大部分だった。明治中期以降には専業漁業者も出現している。その頃には下玉里の問屋は三軒に増え、生魚だけでなく、煮干し、佃煮、桜エビ、フナの甘露煮などの加工品も豊富になり、仲買人、行商人、一般の客が集まり、にぎわっていた。

明治中期には、次第に漁法も改良され、漁獲量が増えていった。船に巨大な帆を掲げ、風力で横航しながら袋網を引き、ワカサギや白魚を獲る帆曳船が明治中期に考案され、これは現在でも運航されており、霞ヶ浦の風物詩となっている。常磐線（当時は水戸鉄道）が一八九五年に土浦－友部間、翌年に土浦－田端間が開通したことにより販路が拡大し、霞ヶ浦の魚類やその加工品は東京やその近県に出荷されるようになった。また、日清・日露戦争の時には軍の需要も多かった。

明治時代には、田余村の方が玉川村よりも漁獲高（金額）が二倍も多かったが、大正期以降は、逆に玉川村の方が田余村の二倍と逆転した。一九三一（昭和六）年の漁家は田余村が五一戸（本業八、副業四三）、玉川村が九〇戸（本業二四、副業六六）であった。漁獲量の最盛期は大正から昭和初期にかけてであった。魚種別では、田余村はエビ、ワカサギ、ウナギなどが、玉川村はコイ、フナ、ワカサギ、エビ、ウナギ、ドジョウなどが多かった。

2　明治以降の農業の展開

次に、明治以降の玉里地域の農業の動きを見ておこう。

明治前期におけるこの地域の農業に関する資料は乏しい。茨城県全体としては第一章で見たように、自給的農業の色彩が強く、生産力水準も低かった。この傾向はこの地域でもほぼ同じと推測される。

日本の戦前の市町村の基礎データをまとめた「事蹟簿」で、両村の明治末から大正、昭和前期の農産物の作付け状況を見ると、米・麦が基本だが、田余村は大豆の作付けが多かった。大豆は味噌や醤油の原料として貴重な商品作物であった。西隣の石岡町や高浜町は江戸時代から醤油の製造が盛んで、一九〇九（明治四二）年には石岡、高浜で一六軒の醤油醸造家があり、造石高は七六〇〇余石（『新治郡是』）と現在の土浦市域（土浦町、藤沢村、真鍋町）を凌駕し、酒造を含め、醸造の町として知られていた。その醤油の原料となる大豆や小麦の主な供給地は霞ヶ浦沿岸の村々であった。

昭和に入ると桑畑が増え、一九三一年には桑畑が大豆の作付面積の二倍以上に増えている。しかも、桑畑面積は一九二二年から一〇年間でやはり二倍になっている。玉川村も同様である。大豆の作付けが減った原因には、第一次世界大戦後に満州からの低廉な輸入大豆が入ってきたこともあげられる。

商品経済の発展に対応する農家副業として、養蚕業は県がもっとも重視し、奨励に力を入れた。この地方にも明治中期に普及し、一九一一（明治四四）年には約半数の農家が採り入れた。一九三一年には専業農家のほとんどが養蚕を経営（田余村で農家戸数の五二%、玉川村で八一%という高率）し、米麦の副業として定着していった。両村を含む新治郡は一九三二年時点で、農産総額に対する繭の割合が二四・七%を占め、県内では最も高かった。繭の出荷先は「小川町繭糸市場」が中心で、石岡町、高浜村（いずれも現石岡市）にも市場が開設された。

しかし、生糸市場は相場の変動が激しく、第一章でも見たように、わが国生糸の大部分を輸出していたアメリカが、一九二九年のニューヨーク株式市場での暴落をきっかけとして大恐慌が始まり、翌年にはわが国では深刻な蚕糸恐慌となり、農家に大打撃を与えた。繭の価格は、一九二六（昭和元）年を一〇〇とすると、一九三一年には三三、翌三二年には二七となった。その影響で、三四年には高浜の市場が休業してしまった。

養蚕は、さらに戦争が進むにつれてカンショなどへの切り替えが図られていく。国は一九三七年にアルコール専売法を制定し、カンショから燃料用アルコール（酒精）を製造することとし、三八年には石岡に国営アルコール工場が建設され、周辺の町村にはカンショの作付けが割り当てられていった。このアルコールはガソリンに混用され、航空機燃料にも使用された。石岡工場でのカンショ利用は一九七五年まで続けられていたが、同工場は二〇〇一年三月に閉鎖された。

田余村では大正期に葉タバコの生産が始まり、玉川村の商品作物としてはレンコンが昭和期に増加し、今日の隆盛のさきがけとなっている。レンコンは、他の野菜よりも収量が比較的安定し、現金の収入源としてもすぐれていた。また、栽培も簡単であった。

果実は、主として自家用だったが、柿は大事な商品作物だった。茨城県農会が一九一五（大正四）年にまとめた『茨城県の農家副業』によれば、天保年間に上田余の高橋茂三郎が水戸から渋柿（みょうたん柿・衣紋柿）を導入し、その後は、主に上玉里と下玉里の高台で栽培され、酒樽を利用して渋抜きをして出荷し、東京市場では「玉里柿」として評判だった。最盛期には栽培農家が一五〇戸、栽培面積は一七町に達した。同書では、国や県が推奨した農家の副業の好適な事例の一つとして田余の柿が紹介されている。昭和初期には甘柿の富有柿が導入され、渋柿から代わっていった。

畜産は、牛馬、豚、鶏が飼われていたが、牛馬の頭数は少なく、豚や鶏は庭先飼育程度で、県内の他の農村とほぼ同じであり、見るべきほどのものではなかった。

戦前の日本の農村では、地主小作制度が支配していた。この地域も例外ではなかった。一九一一(明治四四)年以前のデータがないが、同年の田余村の田畑合計の小作地率は二九・二%だったのが、一一年後の一九二二年には四二・二%と上昇する。玉川村は一九一一年時点で小作地率は五五・〇%と半数を超えている。特に水田の小作地率は六二・〇%と高かった。玉川村の水田の小作地率が高いのは、同地区が霞ヶ浦沿岸にあるため、湿田がほとんどで、水害が度重なり、農家経営を圧迫してきたことにも原因があると考えられている。戦前そして戦後も土地改良事業が実施されるまでは、この地域の水田は三年に一度は半作、五〇%前後の収穫減となったと伝えられている。

玉川村役場が一九四〇年に調査した「他町村土地所有者調」によると、地主は田余村など一一に及び、四六町歩を所有していた。平均では四反程度なので、他の地域と比較して見ると、東茨城郡や鹿島郡、行方郡などとは違い、小地主が多かった。このことは戦後の農地改革の形に影響を及ぼす。

生産力水準を示す一つの指標となる牛馬耕の割合は、水田では一九〇八年にわずかに〇・二%(田余村は二三・〇%)しかなく、一九三二年でも三・二%(田余村は三六・八%)であった。

同村の場合、村外地主が多いのが特徴で、営農生活資金の借入先が地元より他町村に依存していたことがわかる。大正期の水田の収穫量は、上田で一反当たり平均五俵、小作率は収量の五～六割だった。同村の一九四〇年の自小作別農家戸数を見ると、自作が二八・五％、自小作一六・八％、小作が五四・七％と小作農が農家の半数を超えている。

昭和大恐慌後の一九三五年頃に小学校の先生方によって編さんされた『玉川村誌』は、当時の村の状況について次のように書いていたとされる。「農産物は下落する。負債は山程に積る。その整理には頭を痛めるがなんとも致し方がない。疲労困憊その極に達している。（中略）農村の中堅をなしている自作農及び自作兼小作農等が収支相償わざるため、次第に借財をなして所有地を売払い、衰運の兆を見、遂には小作農の増加となるのは残念」（近秀次「玉川地区概況、その農業生産及び農地改革」『土地改良と裏作をめぐる問題——玉里村玉川地区における』茨城県農業会議、一九五九、一〇頁より引用。原典となる『玉川村誌』については確認できていない）。一九三〇年には自小作の比率が五五・五％だったので、この記録のように、自小作農が急速に没落し、小作農が増加したことがわかる。

3　農業恐慌後の玉川村の動き

戦後のめざましい玉川村の諸運動を見る場合、それは一朝にして立ち上がったものではなく、その前史がある。

戦前はどの町村にも官製の青年会があった。日露戦争後、官僚の上からの青年会組織化が図られ、内務省－知事－郡市長－町村長という縦割りの支配体系に組み込まれ、末端にまで浸透していった。

活動は疲弊しつつあった地域のたてなおし、銃後活動の強化、軍役の予備教育などで、指導者（会長）を学校長や町村長、僧侶など地域の有力者とし、青年に害を及ぼすような思潮、文芸、娯楽を青年から遠ざけることに力点がおかれた。農業恐慌時にも、深刻な課題に正面から取り組む姿勢はなく、若い農民の不満は沈潜せざるを得なかった。

玉川村青年会は一九三二（昭和七）年に会長などの役職に青年自身が就き、青年たちの意思と意見で運営するように改革した。以後、村長など地域の上層部・行政から独立した運営を行うようになった。道路・橋梁の改修など地域奉仕活動だけでなく、機関誌の発行、青年会文庫を設けての読書活動なども行っていった。

青年会の内部に産業部を組織し、農家経済の向上を目指そうという動きもあったが、全会員が積極的にはならなかった。そのために、青年会大井戸支部と平山支部の有志が、青年会の組織とは別に、営農と生活の改善を目標に組織したのが大井戸興農会農事実行組合であった。一般には興農会と言っていた。三三年に誕生している。

農業に情熱を持ち、自立自営の協同活動を興農会によって展開したメンバーはわずかで、のちに青年会長になる山口和彦、山口一門ら一七人が学習と経済実践活動を展開した。その具体的な活動は次のようなものであった。

一　農業経営と生活改善の学習
二　農産物の共同販売と生産資材の共同購入

三　麹を自家製造し、味噌、醤油の自給
四　砂糖、石鹸その他日用生活資材の共同購入
五　霞ヶ浦湖岸の原野を借入開墾し、稲作の共同耕作
六　先進地の見学、視察、篤農家の訪問学習
七　月例学習会の開催、雑誌「家の光」の購読

これらの活動内容から、今日の農協や生協の原点を見ることができる。壁には「協同組合原則」が張られていた。この協同組合原則は、世界の協同組合で組織されていた国際協同組合同盟（ICA）が一九三七年のパリ大会で採択した。今日の農協、生協、漁協、森林組合などの協同組合の運営の原則をまとめたもので、加入・脱退の自由、民主的管理、政治的・宗教的中立、現金取引、教育促進など七つから成っていた。さらに、会の活動として生活改善に力点がおかれていることに注目したい。

玉川村では昭和初期に農会廃止運動が起きている。農会とは、国の農事改良政策の推進督励機関として明治期に設立されたもので、県、郡、町村に網羅されたのは日露戦争が始まる前年であった。農会は、米麦作改良、品種統一、馬耕の普及、害虫予防駆除、講習会、品評会、共進会の開催など農事改良の指導、知識啓発などを業務とした。一反以上の耕作者は強制加入させられた。農会は、全国、道府県、郡、市町村という四段階制を通じたトップダウンにより、国の農業施策が直接農民に伝わるパイプとしての役割を担わされていったのである。

しかしこの時期には、教員の給料未払、欠配など町村財政が危機に陥り、農会は無用の長物だとされ、一九三〇年の県の町村会で郡農会廃止案が決議されている。玉川村でも、農会の総代選挙を実施しないなどして、農会の機能が停止された状態になった。この動きは同村だけでなく、全国的全県的に生まれ、県内では那珂郡瓜連村が同年に村会で農会廃止の決議を行っている。三五年に県は強制執行命令を出し、機能停止の町村で、町村長を農会代行者として復活させた。玉川村ではこれより遅く、四〇年にやっと再建された。同年、のちに切り絵で有名になる滝平二郎が同村農会の書記に任命されている。

一九三一年に全国農民組合連合会玉川支部が結成されている。参加したのは興農会と同じ大井戸、平山地区の青年と小作農の八人で、恐慌下の小作農民擁護、中国への戦線拡大など時局問題の意見交換、戦争に反対する意思の確認などがなされていたという。しかし、鹿行地域のような激しい農民運動は起きなかった。

後の農協につながる産業組合の結成は、田余村では一九一一(明治四四)年に設立されたが、玉川村では遅かった。全国的に見ても、同村産業組合の発足は最も遅いといえる。

日本の産業組合のルーツは、江戸時代末期の大原幽学の先祖株組合(一八三八年に千葉県香取郡で組織)と二宮尊徳の小田原仕法組合(一八四三年に神奈川県小田原で組織。小田原報徳社の前身)である。明治に入って最初の協同組合は、生糸と製茶の販売組合として誕生する。いずれも明治初期の代表的な輸出商品であり、それぞれの産地(群馬県と静岡県)では、資本主義的貨幣経済が他よりも早く進展していった。そうした中で、生産者が自ら有利な販売をしようと、自主的な組織が生まれていったのである。

近代社会の成立と資本主義経済の発達は、最も弱い立場に置かれていた農民の疲弊を招いた。時の政府は、農村の救済対策を打ち出す必要に迫られ、一九〇〇（明治三三）年に産業組合法が成立し、産業組合はその後全国に広まっていった。産業組合は、今日の農協、生協、信用組合を含む包括的な組織であった。この法律は、自然発生的な協同思想の盛り上がりからできたものではなく、没落しつつある農民をはじめとする小生産者の保護政策の一つであった。大正初期には全国で九三％の市町村に誕生した。

玉川村では、ずっと遅れて一九三四年に川中子の坂嘉男が組合長となり、保証責任玉川村信用・販売・購買・利用組合として、同地区の組合員一一人で発足した。事務所は組合長宅で、一人の職員もいなかった。当時は、産業組合中央会が産業組合拡充五カ年計画を立て、全国の全町村に産業組合を設立する運動を展開していた。政府も、昭和農業恐慌対策として「自力更生・隣保共助」をスローガンとする経済厚生運動を奨励し、その担い手として産業組合の育成に努めていた。

田余村では明治期に産業組合が生まれたのに、その隣の玉川村では全国でも最も遅い発足となったのはなぜなのか。今日ではその事情はよくわからないが、産業組合の設立は、一般には農民が自主的に行うというよりも、どこでも地主層が中心となって進められたことから、この村には、産業組合を組織するだけの余裕がある地主が存在しなかったからだ、と言われている。

設立された玉川村産業組合は、設立はしたものの、事業がはかばかしくなかったのに対し、大井戸興農会は肥料だけでなく、農機具、砂糖、洗濯石鹸等の日用品まで共同購入を行っていた。

一九三六年に興農会と産業組合の話し合いがもたれて、産業組合の一切の業務を大井戸興農会に移して、積極的に組合員の全戸加入を進めようということになった。事務所も興農会の集会所に移すことになり、興農会のリーダーの山口和彦が専務理事となり、実務を担当した。

新たな産業組合はこれまでの事業に加え、魚粉や大豆かすの共同購入、肥料の備蓄、米、鶏卵の販売事業、外米を飯米に貸し付けることなども行うようになり、総合事業を漸次拡大していった。

一九三七年に始まった日中戦争はその後も拡大長期化し、四一年にわが国はアメリカに宣戦布告し、アジア太平洋戦争に突入した。戦争の拡大は、農村にもさまざまな影響を及ぼし、経済状態も悪化した。村内の若い農民が次々に戦争に召集され、農村では極度に労働力が不足し、農業生産が落ち込んでいった。このために、都会の女子学生や女子青年団員が農繁期の共同炊事や子供の保育などに動員されるようになった。肥料その他の生産資材も不足し、食糧事情は急速に悪化した。

政府は一九四二年に食糧管理法を制定し、主食の米麦の統制を強化し、衣料、食料品だけでなく、肥料や農薬までも配給制度に組み込まれ、自由に販売することができなくなった。このような経済統制業務を担当させるために、四三年に農業団体法を制定した。その法律により政府は産業組合と農会を解散させ、新たに農業会を組織し、国策機関として性格付け、その任に当たらせた。地域内の農民と農地を所有している者は当然（強制）加入とさせられた。そうして農業会は村民の生活に全面的に関与することになった。農業会は俗に「経済役場」と言われていた。市町村農業会は道府県農業会、全国組織としての全国農業経済会、中央農業会、農林中央金庫とつながっており、戦争遂行のための縦割りの組織であった。

玉川村産業組合と玉川村農会は、解散と農業会の設立手続きを、産業組合の業務を手伝っていた山口一門に委任した。そして一九四四年四月に玉川村農業会が発足し、一門は引き続いて常務として実務を担当した。当時二七歳であった。

農業会の業務は、食糧増産と欠乏した物資の供給や主食の集荷業務が中心であった。それだけでなく、米の供出督励、軍隊に対する野菜の集荷供給、松の根から油を取り、ガソリンを増量するための松根油の製造、集落ごとの共同炊事、保育所の管理などで、農業会の職員は敗戦まで悪戦苦闘の毎日であった。

こうして玉川村は敗戦を迎える。

第五章　小さな農協の大きな挑戦――山口一門と玉川農協

1　農地改革と戦後の玉川村の動き

第一章で見たように、敗戦後の諸改革の中で、農村部で最大の変革は自作農創設をめざした農地改革であった。茨城県内の農地改革の実施過程で、鹿行地域のように、これを推進する側と抵抗阻止しようとする側との激しいせめぎ合いが見られた地域もあったが、玉里地域では比較的順調に実施された。田余村の一部を除いて、ほとんどが中小地主であったこと、村外の不在地主が多かったこと、村内に未墾地がほとんどなかったこと、戦前の農民組合や青年会活動の伝統があり、小作、小自作農民の改革への自覚が強かったこと（玉川村では農地委員長が小作農民代表で、改革の主導権を握っていた）など、農地改革推進の気運が強かったからだとみられている。農地改革直前の玉川村で三町歩以上の土地を所有していた者は川中子で九人、下玉里で七人、最高の所有者が九町五反であった。

農地改革の結果、田余村では改革直前の一九四五年一〇月現在の小作地比率六一・七%が五〇年八月には二四・七%に、玉川村では六八・五%が一〇・五%に変わった。県の平均は小作地五一・五%が一四・三%に減少した。買収単価は一反当たり田畑平均で五八六円であった。残存の小作地の小作料は金納となり、地主制は解体され、農村の前近代的な社会・政治機構をくつがえし、農村の民主化をすすめる原動力となった。

この地域で、紛争がほとんどなく農地改革が終結したことは、全村一致の新たな農村づくりの土壌を用意したことになり、その後の玉川農協発展の基礎をなしていたと考えられる。周辺の町村では戦後に続々と農民組合が結成されたが、玉川、田余村域には農民組合が設立されなかったのも特徴であろう。

一九四六年の初夏、玉川村に三〇歳前後の中堅青年によって「自由懇話会」が作られた。戦前、自治青年会や興農会、産業組合で活動した青年たちは、これまでの思想体系が崩壊した戦後にあって、新たな時代を見る目を確かにしたいという欲求が強かった。また、これからのわが村をどのように立て直していくかも大きな関心事であった。

自由懇話会に集まった青年たちは議論をたたかわせたが、大きな話題となったのは天皇制であったという。その他、時事、農業農村、経済、文化、自治など話題はいくらでもあった。全国至るところで農民組合、労働組合運動が展開され、農地改革も進展していたという客観的な情勢も背後にあった。自由懇話会では、とりわけ、村内の民主化、行政や農業会の問題は具体性をおび、真剣な議論が続けられた。

こうして会員のものの見方、考え方が鍛えられ、その後の玉川村の進路に大きな指針を与えていった。自由懇話会の議論の中から生まれ、実践されていったものがいくつかある。

その一つが「玉川村文化会議」の誕生、もう一つが、一九四七年に初の公選村長に会員の一人である野口一を当選させたことである。この時野口は三三歳であった。戦前の村の支配層が公職追放されたこともあった。文化会議の構想は滝平二郎が作り、事務局長に就いた。山口一門が初代の議長となった。文化会議の会員はやがて農協、農地委員会、行政、農民組織、文化団体などの責任者や主要メンバーになっていき、村の牽引車の役割を担っていくことになる。新しい力が新しい玉川村の体制となったのである。

地域青年団としての玉川村青年団はアジア太平洋戦争が始まる一九四一年に解体されたが、四六年一月に再建された。再建直後には、近くにある旧百里海軍航空隊の兵舎の払い下げを受け、岡、大井戸、平山、川中子の四地区にそれぞれ青年会館を造りあげた。続いて同年五月には官製団体の色彩が強い青年会を解散し、「青志会」として再出発した。青志会には村のほとんどの青年が参加し、「民主的近代的理想農村の玉川村建設」をめざすことをスローガンに掲げた。会には政治、文化、産業、体育、出版の専門部が設けられ、会員はそれぞれの専門部に属し、多彩な活動を展開した。その主なものに、機関誌紙の発行、盛んな読書活動、弁論大会の開催、女性解放問題への取り組み、「青年祖国戦線」(民主・平和をめざす青年・学生・労組青年部などの全国組織)への組織的参加、文学サークル、土の会（農業技術研究）などがある。特に、文化活動と社会活動はめざましく、青年の社会意識、変革志向の意識は非常な高まりをみせた。

戦前の農会で書記をし、戦後すぐに玉川村文化会議を立ち上げた下玉里出身の滝平二郎は、沖縄戦線で敗戦を迎え復員し、四七年から青年の版画サークル「刻画晴耕会」を作った。会の基調は、「大衆の中から創造される芸術、働くものの文化創造、民族の文化を守る」ことにあった。会員は二六、七人で、機関誌「刻画晴耕」は三年間に一五号まで発行された。

会を指導した滝平は、戦前に茨城県下館町（現筑西市）の飯野農夫也らと交流があり、木版画を始めた。農業、生活、戦争と平和などを題材とした素朴な作品を創っていた。この時期に、玉川村農協で出荷していたソラマメ、ジャガイモ、インゲンなどの出荷レッテルを制作している。一九五一年には活動の拠点を土浦に移し、五五年に上京した。滝平は版画だけでなく、小説や絵本の挿絵や装丁などを手がけ、六七年に切り絵の制作を始めた。七〇年から「朝日新聞」日曜版に農村風景を描いたカラー挿絵を連載し、切り絵の魅力が全国に広く普及し、名声を確立した。この連載は八年四カ月続いた。

玉川村文化会議は自由懇話会、青志会、文化サークルだけでなく、役場、農業会（農協）、小中学校、その他玉川村のすべての機関、団体、サークルが連携し、一九四七年七月に組織された。平和な村、住みよい村づくりをモットーに、村の文化活動の統一を図り、「村の問題はこの会議の検討を経て実行する」こととされた。

文化会議は同年八月に三日間農民祭を開催した。この時のスローガンは「人間こそ祝福されるもの。まつられるべきは我々農民である」であった。青年演劇大会、映画、美術展、農産物品評会、囲碁将棋大会、卓球大会などが行われ、村人は鎮守の祭りでは味わえない爽快さと自分たちが村の主人公である喜びを感じることができたという。農民祭はその後も玉川村が田余村と合併して玉里村となるまで毎年開かれた。

玉川村文化会議が活発な活動を展開していたこの時期に、茨城県北の那珂郡瓜連町では田園文化連盟が発足し、読書、演劇、弁論、俳句、謡曲など一八の部会ができ、二〇〇人を超える会員が活動し、町に新風を吹き込んだ。この組織は、後に県知事となる岩上二郎が指導者であった。

同村は一九四八年から「税金闘争」に取り組んだ。税務署の所得税計算に誤りがあることが発見され、約九〇万円の減額修正を認めさせた。翌年には玉川村納税完遂委員会が全村規模で組織され、税務署と同じ様式の基準を作り、これを全村に適用するよう土浦税務署に要求した。全村民大会が開かれ、議会は税務署弾劾決議を行った。委員会はこれらを背景に税務署との交渉を繰り返し行い、その結果これを認めさせることができ、全村納税額は二七五万円から一五〇万円と大幅に減額させることになった。村のほぼ全戸が運動に加わり、あらゆる年代の人が参加し、具体的な成果が勝ち取られた。それまでの諸運動で培われてきた農民の意識と機関、組織が総動員され、戦後の諸活動の中で最も盛り上がりをみせた運動だったといわれている。

税金闘争を経て、一九四八年一一月に玉川村文化会議は玉川村農民会議に変わった。政治・社会運動抜きの文化運動では激動する社会を乗り切っていけないという判断からで、議会と農地委員会が加わり、農民会議が実質的な村の最高意思決定機関となった。農民会議は生活改善、土地利用、農業経営改善、教育文化の専門委員会を作り、五五年の合併まで継続され、さまざまな課題に取り組んでいく。農民会議発足の準備過程では、会の名称を防衛会議としたいという意見が強く出された。農業恐慌、農業農民をないがしろにする政治から農民を防衛するという意味が込められていた。防衛という言葉になじみがなかったこともあり、名称は農民会議に落ち着いた。

前にもみたように、村は水害常襲の地であった。村人の悲願の一つは、水害の心配のない村づくりであった。農民会議は総合的な村づくりに着手し、県の支援を受けながら基礎調査を行い、一九五一年初めに村の理想像としての農村計画書を完成させた。この計画に基づき、農民会議は霞ヶ浦の築堤工事を村とともに県に働きかけ、五三年から県営事業として始められた。工事は築堤だけでなく、干拓、かんがい排水、区画整理事業も進められ、五七年度に終了し、水害常襲地帯から脱出した。この事業の総工事費は三八九五万円であった。

この計画には、生活改善、農地の交換分合、農業の経営改善なども盛り込まれ、実行に移されていった。農民会議による「村の改造」によって、村民の心情も前向きとなり、生産性の向上や村財政の改善、農協活動の前進などの結果がもたらされた。

2　玉川村農協の発足とつまずき

ＧＨＱは、農地改革と共に、日本政府に「非農民的利害に支配せられず、かつ日本農民の経済的文化的進歩を目的とする農村協同組合運動の醸成ならびに奨励に関する計画」を提出するように求めてきた。農地改革によって地主的土地所有を解体しても、自作農を守る組織が必要だということからである。これを受けて、難産の末、一九四七年十二月に農業協同組合法が成立した。同時に、農業会は戦争遂行のための団体であると指摘され、翌年八月までに解散することも決められた。

茨城県玉川村農協は農協法の成立後すぐに設立の準備を始め、一九四八年三月に設立が認可された。県内では四番目の発足と早かった。組合長に戦前の産業組合の設立者の一人であった石橋林之亮が選任され、農業会から事務所などの施設と全職員が移管された。設立当時の村の農家戸数は二四四戸、農業従事者一五三四人、非農家四五戸であった。組合員は正組合員が二五九人、准組合員が一九人、合計で二七八人であった。田余村農協も同年六月に発足している。県内では、同年度末に四三二の総合農協（経済、金融、共済事業などを行っている一般の農協を指す。他に酪農、果樹など特定の分野を扱う専門農協がある）が誕生している。この時点の市町村数は三六七だから、一市町村で二農協以上存在する所もあった。

山口一門は農業会の解散手続きなどの残務整理をしながら、新しい農協の創立をリードしてきたが、協同組合運動が正しく発展していくには、戦時統制団体の農業会関係者がそのまま農協の責任者になることはよくないと考え、運営面から退き、監事に就任した。そして茨城県農村青年連盟の委員長として活動し、県内の農村をくまなく歩き、農協の設立総会に出席したり、座談会を開いたりした。中堅農村の青壮年を中核とした全国農村青年連盟は一九四六年六月に結成されている。農民組合側からは、農業会の別動隊だと批判されていた。

玉川村農協の設立総会で提案された事業計画は、冒頭「耕作農民の人間的解放のための具体的な問題を解決する」と謳っている。そして、揚排水設備の改善と二毛作の実施、農産物販売代金の決済を速やかにすること、物資資材の確保と配給の適正公平化、都市協同組合との物資の交流、店舗を設備し村のデパートたらしめること、協同理髪所の設置、ヤギ一戸一頭飼育の励行、農村文庫の充実などを挙げ、当時の時代背景が読み取れる。

このように、新しい期待を担って出発した農協であったが、発足後一年で大幅な欠損金を出してしまった。一九四九年度の欠損金の額は五六万円余で、当時の出資金一三万円の四倍強にあたった。地主や商人などの非農民勢力の影響を断ち、「農民の、農民による、農民のための農協を作る」という高い理想を掲げて出発したものの、全国の農協はおしなべて農業会の看板塗り替えで終わってしまっていた。どの農協でも農業会の不良資産を抱え込み、さらに「カネよりモノ」というインフレ経済にあおられ、激変する経済情勢を見極めることができず、大量に仕入れた衣料品などが統制の撤廃により暴落し、不良在庫となった。また、販売事業でも販売先の倒産、休業などにより代金回収ができず、貸し倒れ被害を受け、全国の農協で経営が悪化した時期である。発足直後の農協には農業会時代の統制思想が残っており、内部体制の未確立という事情もあった。

この時期の経済状況を整理すると、次のようになる。

敗戦直後のわが国の経済は「傾斜生産方式」と呼ばれる大企業への政府資金貸し出しを中心とする経済再建政策に主導されていたが、この政策は猛烈なインフレを引き起こした。このインフレを収束させるとともに、日本経済を世界経済＝ドル圏に直結させ、日本をアジアの反共防波堤とするための経済的基礎を構築することをねらいとして、デトロイト銀行頭取ジョセフ・M・ドッジがマッカーサー元帥の財政顧問として一九四九年二月に着任した。全国で農協が設立総会を終えた時である。

ドッジによる超緊縮均衡予算は「ドッジ・プラン」とよばれ、急激なデフレ政策は、物価の低落、政府資金の引き揚げ、過酷な重税をもたらした。この政策は農村へ大きな打撃を与えた。

さらに、本当に自分たちの農協を作ろうとした気運は弱く、農協は戦前の産業組合と同じように上から組織された。戦前の産業組合以来の古い体質に蓄積された膿が一気に噴出した。

一九四九年度に欠損金を出した農協は県内で四三％にものぼった。全国では一〇〇〇を超える農協で、貯金の払い戻し停止や制限に追い込まれた。県内でも五〇年五月時点で貯払い停止が九組合、貯払い制限が三五組合あった。農協経営の破綻は当然連合会経営の破綻に連動した。肥料などの資材を扱う購買連合会は、四九年度には四二県連のうち四〇県連が赤字に転落した。茨城県購買連も四九年度に一四九六万円、五〇年度に七一七三万円の欠損金を計上している。

不振農協の対策は、当初は自主再建を目指して出資金の増資運動、農協振興刷新運動などが提唱されたが、はかばかしい成果が得られず、次第に行政依存へと変わっていった。国は一九五〇年一一月に農協法を改正し、「農協財務処理基準令」を定め、農協に対する行政庁の監督権を強化した。翌年には農漁協再建整備法を制定し、赤字組合は国庫からの補助金、奨励金の交付を受けることになり、農協の自主性を定めた農協法の理念が大きく転換されることになっていった。同法による再建整備組合は全国で二四八〇に達し、全農協の一八・六%に達した。茨城県では四四組合が指定を受けたが、比率は六・九%で、全国では二番目に低かった。新治郡管内では土浦市、石岡町、高浜町、関川村の四農協が再建整備指定対象組合となった。玉川農協はこの指定を受けず、自主再建の道をたどった。

一九五〇年代前半の農協の再建整備と整備促進により農協に対する官僚支配が復活し、全国連を頭とする中央集権体制が固まった。系統全利用を前提とする連合会の整備により、全国連の事業計画に県連、単位農協が従属する仕組みが作られ、全国連が本社、県連が支社、農協が支店という今日の農協の仕組みが出来上がった。農協こそが協同組合の原点であり、連合会はその補完組織であるという協同組合理論や農協法の理念とはまったく逆の枠組みとなったのである。

3　協同への試行錯誤

茨城県玉川地区でも、農協が赤字だというので、組合員は動揺した。結局、一九五〇年四月に開かれた総会で役員の大部分が変わり、山口一門が組合長に選任された。一門はその時三二歳であった。

前年度に大きな欠損金（赤字）が出たのは、先に見たように、戦後すぐの経済の激変が大きく影響したためだったが、それだけでなく、組合員農家と農協とのつながり方にも問題があった。農家は自分のことを優先して考え、行動する。農協は農協だけで事業を計画し、実行する。農家組合員の要求がそのまま農協の運営に活かされていかない。そのことが赤字のもう一つの原因であった。

一門は総会の翌日から農協に出た。その前後のことを一門は『玉川農協の実践』（農山漁村文化協会、一九六四）に次のように書いている。

農民のフトコロを肥やすことが農協の仕事だと思っていた。ところが現実の農協活動は、農民に渡すものは、なかなか農民がなっとくするような安い価格で渡せない。農産物を外に出荷しても、なかなか高く売れない。考えていることと、やっていることとに大きなくい違いがある（一一頁）。

一門は、農協に戻って最初に農協の財務内容を検討した。なぜ赤字が出たのか。「前の組合長はまじめに仕事をしたが、農協の事業は、農家の経済や経営と結びついていなかった。農家は農家として存在し、農協は一介の商人みたいな形でソロバンをはじいていた。その結果、農協の事業量が計画通りに伸びていかなかったということがはっきりした。農協の事業計画は、農協が独善的に、今年はこれだけのものを売って、これだけ預金を集める、というものであった。農協の計画は一人よがりに農協自身が決めたことで、農民は農協からものを買うとも言っていないし、農協にものを売ってくれとも言っていない。（事業計画は）組合員の了解事項ではないのだ。計画書には農民の意思が反映されていない」（同前、一二～一三頁）。

ではどうするか。「①農民の要求が一本貫かれなければならない。農民の要求が中心になっていなければならない。②これを実現していく過程では、農民から預かった出資金を中心とするいろいろな資本を大切にしていかなければならない。財務の安定を図らなければならない。③その事業年度内における収支のバランスを破らないようにしていかなければならない」（同前、一三頁）。いずれも当たり前のことだ。農民の要求と財務の安定、収支のバランスが基本であり、最も重要視しなければならない、ということである。

一門は組合長に就任してすぐに経営分析と農民の要求を盛り込んだ事業計画を立てた。その計画書を集落に持っていき、座談会を開いた。組合員の声を聞きながら、農協が何を考え、何をやろうとしているのかを訴えていった。

次に、農協内部、職員間の意思統一を図ることを考えた。共同するにはそれなりの姿勢が農協役職員に必要で、農民が農協を使える構えを作ることが重要だということである。しかし、一三人いた職員はバラバラの状態で、それぞれが好きな方向を向いて仕事をしていた。内部の統一を図るのは難しかった、と一門は言う。職員が農協の仕事を、情熱をもってやってもらうためには、職員の待遇や身分が保障されていなければという考えから、早い段階で、職員の待遇改善と退職規程の改定がなされた。労働組合も組織された。

並行して、集落にある農家組合内部に、農協の各事業に対応する組織（事業委員会）を整備した。共同販売部、共同購買部、生産部、施設利用部というように組織を作り、部長と部員を置いた。わが国の農村社会は、地縁血縁による強固な集落を基礎に生産や生活が成り立っていたので、これを無視した農協運動は考えられなかった。

農家組合を使って、生産の計画化、消費の計画化を進めようと考えたのだが、やってみると、それがうまくいかなかった。うまくいったのは販売の内の稲作部門と生活資材の共同購買部だけであった。稲作は、規模の違いはあっても、どの農家も関係するので、全農家の共通問題として生産、流通の組織的な進め方が可能である。生活資材も、誰もが関係する。しかし、酪農、養豚、養鶏、果樹園芸、野菜は集落組織では計画化はできなかった。個々の農家により、その部門を経営に入れている農家とそうでない農家とがある。部長が酪農をやっている場合には、酪農の問題には熱心だが、養豚や園芸のことになると関心を持たない。当時であっても、営農形態が雑多であり、それをひとまとめにしようとしたところに間違いがあった。事業別運営委員会方式は、民主的に見えても、実際には機能しなかった。

ここから、米と生活資材以外では、地域の集落に依存したのでは組織化はできないという組織運営の原則を見つけることができた。

翌年度は、この教訓に基づき、農業生産の内容、業態に基づいて組織化すれば、その矛盾は解決すると考え、これに即して組織化が進められた。前年に発足していたわら工品（カマス）組合、養鶏組合、種豚組合に続いて、酪農、肥育豚、野菜、果樹（富有柿）の組合が作られた。レンコン組合も農協の傘下に入った。

しかし、この試みもうまくいったものと失敗に終わったものとに分かれた。うまくいったのは、わら工品、酪農、レンコンだけであった。失敗に終わった原因は、経営規模の大きさを考えなかったことにあった。鶏一〇羽の農家と一〇〇羽の農家、豚一、二頭の農家と五、六頭の農家とでは、経営に占める割合が違い、関心度が違う。また、飼育頭羽の少ない農家は組織の必要性もなかった。

この試みの中から、失敗と成功の原因をつかむことができ、次の段階に進む糸口を見つけた。農家の経営を単純化し、業態ごとの規模を平準化することである。

組合員の組織化のためのさまざまな取り組みとともに、営農のための技術向上や条件づくりの仕事にも取り組んでいった。一九五三年には、組合員農家に堆肥舎づくりの建設を奨励した。堆肥づくりは農業生産の向上に必須の条件であり、全農家に堆肥舎を建設することを目標にし、そのための資金貸し出しを行っていった。換金作物の試作や新しい農法の講習会も開かれている。

4　農協組織確立の手がかり

一門は組合長に就任してから、組合員のしっかりした農業協同組合組織を作るために、試行錯誤を重ねていった。その中から、農協の組織づくりの貴重な教訓を得ていった。組織確立の手がかりとなったのは、五三年の抑制栽培によるサヤインゲン（品種名マスターピース）を取り入れてからであった。

葉タバコの後作に向く作物を探している中で、職員が抑制栽培でサヤインゲンを試作してみた結果、意外な高値となり、組合員の注目を集めた。組合員にとっては全く新しい作物なので、栽培技術を農協職員に教わることとなり、地場での販売もできないため農協への一元集荷、販売となった。この年に二・五ヘクタールに作付けされ、一九五五年には八ヘクタールまで伸びた。それまで、野菜や果樹は、価格が高い時は自分で販売し、安くなると農協に出荷するというパターンであった。こうしたことは現在でもよく見られることである。

農協ではこれにヒントを得て、新しい組織づくりに着手した。一九五四年に、野菜の生産グループの組織化を始めた。マスターピース、トマト、ハクサイ、キュウリなどの野菜の品目ごとのグループを作った。その際に考慮したことは、栽培・出荷期間だけのゆるやかな組織とすること、もう一つは、作付面積が多く、技術水準の高い人を指導者、役員として位置づけ、高い技術に平準化すること、三つめは、グループ参加の組合員と農協とが契約を取り交わすことであった。その内容は、栽培要綱を守って栽培すること、資材の購入と販売はすべて農協を通すこと、農協は組合員に対して融資、販売、技術について責任を持つ、ということであった。

一九五六年には養豚農家の組織化を図った。隣り合って豚を飼っている農家が世話人を決め、農協に届ければ、農協はそのグループを養豚班とし、無制限に資金を貸し出し、資材の調達、研究・見学などの援助を行う。農協全体の部会ではなく、それぞれが独立したグループというゆるい組織形態にした。世話人には、本気になって養豚をやろうという人や技術の優れた農家が選ばれた。

養豚班が次々にできてくると、農協との連絡のために世話人会議が生まれ、その中から常任世話人、世話人代表が生まれた。この体制は、農協の必要からできたものではなく、自然に下から積みあがって生まれてきたものであった。このような組合員の組織づくりがその後の玉川農協の下部組織体系の原則となり、原型となったのである。この時、養豚班設置規定が策定された。

5 石岡地区酪農業協同組合連合会の結成

玉川村の酪農は、石岡地区との関わりの中で発展してきた。石岡地区の酪農の歴史は、茨城県内でも古い地域であった。しかし、生産者の組織はメーカーが組織する御用組合であった。当時、石岡地区内の生産者は、守山乳業の石岡酪農組合と明治乳業の常南酪農組合の二つに組織されていた。

いずれも、生産者の立場を守る組合ではなかった。

一九五四年に酪農振興法が制定された。戦後からしばらく経つと、生活の質が向上し、牛乳の需要が年々高まっていった。この法律には、集約酪農地域の指定、酪農振興計画の策定、牛乳取引の公正を図るための契約などが含まれていた。

石岡地区では、集約酪農地域の指定を受けるため、石岡集約酪農対策協議会が結成され、一九五六年八月に、地区内二七農協による石岡地区酪農業協同組合連合会（石酪連）を設立した。その過程では、乳業メーカーとの対立、集乳作業の混乱などがあったが、集めた牛乳は協同乳業調布工場へ出荷した。牛乳の集荷に不可欠のコールドステーションは翌年六月に完成し、集乳量も年々増えていった。石酪連は、六五年に石岡地区農協連合会が発足したことにより、そちらに移管された。

6　水田プラスアルファ経営の樹立

野菜の生産グループ制度、養豚班と世話人会議の確立などに成功し、組合員農家の組織化の見通しがつき、農協の運動のあり方として、農家の経営にまで踏み込んで、そこを変えていく必要性が生まれてきた。

当時の農家の経営は、田んぼに米とレンコンを作り、牛一頭、鶏一〇羽、豚二頭、畑ではいろいろな野菜を作る、小遣い取りに漁業も行う、という自給農業に毛の生えた程度であった。技術も肥培管理も中途半端であり、農家経営の発展はおぼつかない。このような農家の経営状態を改革する方向として打ち出されたのは経営の「単純化」であった。これまでの雑多な内容を整理し、経営の重点部門を決めよう、大黒柱をはっきりさせよう、ということであった。

一九五七年五月の総会で農業経営単純化の方針が提案された。「米以外で三十万円取ろう」(前掲『玉川農協の実践』五〇頁)というわかりやすい呼びかけであった。

単純化の内容は、一つの柱として稲作をあげ、それと組み合わせるもう一つの柱を、酪農、養豚、養鶏、園芸(果樹、野菜、レンコン)の中から選び、複合経営とする。この四つの形態と水田単作の五つから、一九五七年から五年間の間に選んでもらうというものであった。米で平均二〇万円、もう一つの柱で三〇万円、合計で五〇万円、水田単作の場合はそれだけで五〇万円を目標にしようとした。稲作を柱の一つに据えたのは、どの農家も水田を持ち(平均で七〇アール)、食糧管理制度があるため、最も安定した部門であると考えられたからである。しかも稲作は省力化できる見通しがあり、別の部門の規模拡大が可能であった。

最終所得目標を五〇万円と定めたのは、当時の一人当たり家計費が約八万円、平均六人家族で四八万円、約五〇万円という考えからであった。所得目標を先に考え、それを家計費から導き出すという発想は、「農業経営のために農民は生きているのではなく、人間として生活するために農業をやっているのだ」という考えからであった。この時、五〇万円は粗収入なのか所得なのかをはっきりさせていなかったが、家計費から目標を考えたのだから、粗収入ではなく、所得であったはずである。

総会でのこの提案が茨城県玉川農協の営農形態確立運動、米プラスアルファ経営のスタートであった。この提案の時、山口一門は三時間にわたって熱弁をふるい、組合員にその内容を説いた。「生活水準は高まっていくが、ここでは農家の土地は広げることはできない。だから、米以外で三十万円取る必要がある。農協としては、田んぼをやりながら、合わせて酪農、養豚、養鶏、園芸というやり方でいきたい。プラスアルファ経営で三十万円を稼ごう」（前掲『玉川農協の実践』五二頁）という話であった。一門はのちに、「この時、玉川農協躍進の進軍ラッパが鳴り響いた」（同前）と述懐している。

総会での一門の提案に対して、「なるほどそうだ」と思った人と、組合長がまた大風呂敷を広げたと考えた人とがいたが、半年ほどたってから、オレは養豚でやる、酪農でやるという組合員の反応が出るようになった。

すべての農家が所得五〇万円以上をめざすというとき、それは規模拡大をめざすことであった。地域内で農地は拡大できない。とすれば、経営の資本構成を高めることでしか規模拡大はできない。そこで農協は次の五つを打ち出した。

1. 資金が不足する農家に資金を流す
2. 技術のない農家に技術を流す
3. 必要な資材や飼料を、よいものを安く流す

4．できた生産物を計画的に販売し、手取りを多くする
5．だんだん自分の資金でやれるような計画づくりを手伝う

玉川農協の資金の貸し出しは、他の農協とは違っていた。一般には、米代金の大きい農家には、その範囲内で貸し出し、営農資金が必要な規模の小さい農家には資金が行かなかった。玉川農協はその逆であった。水田稲作にプラスされる部門の規模によって、それを大きくしなければならない農家に多く貸し出すというやり方であった。さらに、無担保、無保証人、無連帯という画期的な方法を取った。玉川農協では、やる意思があれば、すべての者に融資の道が開かれたのである。農協で貸した資金が確実に返済されるには、農協としても農家経営の確立のために本気になって手助けしなければならない。ただし、営農資金を借りる場合には、生産部会に加入することが条件であった。

こうした措置により、農協の貸付金は一九六一年には二五八一万円と五七年の八八八万円の二・九倍に、貯貸率（貯金と貸付金の比率）は五四・九％から七一・三％に上昇した。この間の貯金の伸び率は二・二倍であった。組合員の貯金が組合員の貸し出しに回る比率が高いということは、相互金融という協同組合本来の姿であり、好ましい形である。

農協内部の体制も変えた。一般には、資材を担当する部署、販売を担当する部署、技術経営指導が分離されているが、それを営農形態別に養豚係、園芸係、普通作係などとし、生産から販売までを一貫して担当するようにした。「物」「金」「技術」を組み合わせて農家に対応できるようにした

表 5-1　茨城玉川農協の主要事業の推移

（単位：万円）

年次	1957	1958	1959	1960	1961	1962	1962/1957 (%)
販売事業	3,079	3,705	5,198	7,630	13,249	14,234	462
購買事業	2,367	2,583	3,518	5,555	9,118	9,538	403
貯金高	1,883	1,864	2,603	3,619	4,017	5,272	280
貸付金	1,364	1,067	1,706	2,581	5,052	5,888	431

出典：茨城玉川農協四十年史編集委員会編『茨城玉川農協四十年史』茨城玉川農業協同組合、1990、278-289 頁。

のである。

組合員の持つ技術の活用も図った。組合員の中にも、長い間の経験から、それぞれの部門にかなり高い水準の技術を持っている人がいる。そのような人は部長や役員に選ばれることが多く、その人の技術が部会全体に行き渡っていくようになる。農協ではこうした人たちを技術オルグと名付けて、部内の技術を指導する制度を作った。

個々の農家の経営に重点部門を定め、経営を単純化し、経営形態を確立する。経営形態ごとに強力な組合員組織を作り上げる。このような農家の利益擁護の運動の成果はどうであったのか。農協の各事業も急速に拡大していった。

米プラスアルファ方式による営農形態確立運動が始まった一九五七年からの事業高の推移を示したのが表５－１である。

この内の販売事業は、組合員の労働の結晶である農産物を金に換える事業であり、農協の中核である。計画を樹立した当初はさほどの伸びは示さなかったが、一九五九年から急速に伸び、特に六一年は前年度の倍近くになり、五七年度と比較すると四・三倍に増えている。この伸びの主役は肉豚で、米を抜いている。六三年度の肉豚の販売額は一億二五三五万円になり、米の三・三倍に達した。

購買事業も販売事業とほぼ同じ推移を示している。その中では飼料の伸びが特に著しい。貯金、貸付金も大きく伸びている。販売の増加が自然に貯金の伸びに反映している。貸付金も営農資金の独特な貸し出しの仕方で大きくふくらんだ。

この時期には、農協事務所などの施設も整備拡充されていった。また、一九六三年度に、それまでの歩みが評価され、第一回朝日農業賞を受賞した。

営農形態確立五カ年計画を遂行していく中で、特に養豚経営は飛躍的に伸びた。粉食多頭技術の普及、農協営農資金の積極的貸し出しと、五九年秋から翌年にかけての豚肉価格の高騰がその要因であった。

ところが、その半年後の一九六一年秋から翌年にかけて、大暴落に見舞われた。豚肉価格は前年の半値以下にまで落ち込んだ。こうなると、養豚農家はいくら豚を出荷しても、借金の償還分（子豚代と飼料代）にしかならず、生活に回すカネがない。組合員の中に出稼ぎに出る人が多くなった。東京オリンピックの前で、建設現場は出稼ぎ者を求めていた。常磐線で東京に通えば、一日一〇〇〇円、一五〇〇円になった。

この苦しみの中から生まれたのが「肉豚長期平均払精算制度」であった。それより前に農協では暴落に備えて「天引き貯金」を行っていた。農協が養豚部会に問題と対策を投げかけ、部会が一か月議論を重ねて産み出したのがこの制度であった。制度の内容は次の五つからなっている。

1. 契約期間を五年とする
2. 一頭あたりの平均所得として農協は農家に二〇〇〇円を支払う
3. 契約農家は、肉豚を常時三〇頭以上飼う
4. 出荷肉豚の生体重は七五キログラム以上とする
5. 一年に二回棚卸をする

この制度に従って契約を結んだ農家は五二戸になった。五年後に精算が行われた。その結果は、価格の暴落にめげず、出荷頭数は伸び、全体では黒字になった。問題は、農家ごとの差が出たことであった。なかには赤字農家もあった。しかし全体では大きな成果を収めた。

この時期に、大井戸共同養豚組合と玉川第一共同組合養豚組合、養鶏共同組合の三つの共同経営が発足している。

二回目の肉豚長期平均払精算制度実施にあたっては、養豚部会を、農業経営の重点部門として少なくとも五年間飼育を続ける経営班と、そうでない農家の副業班とに分けた。

7 農業基本法農政と豚のアパート

朝鮮戦争によって息を吹き返した日本経済は、一九五五年の「神武景気」、五八年の「岩戸景気」を経て、六〇年以降本格的に高度成長への道を歩み始めた。六〇年には池田内閣によって「国民所

得倍増計画」が発表され、一〇年間で実質国民総生産を倍増させるという目標が立てられた。

翌年、農業基本法（農基法）が制定された。経済の高度成長にともなって、農産物の需給構造の変化、農業労働力の減少など農業、農村の内部に急激な変化をもたらし、農工間の所得格差が拡大していった。農地改革を実施しても解決できなかった零細経営の矛盾が露呈したということであった。それに対応するため、農業の近代化、合理化を図り、農業労働の生産性を向上させ、農業と他産業との格差を是正し、農業所得を増大させ、農業従事者の生活水準を他産業の労働者並みに引き上げる。これが農基法の目的であった。

同法の政策手段の体系として、所得・価格政策（所得の均衡）、生産政策（労働生産性の向上）、構造政策（農業構造の改善）の三つの柱が立てられ、これまでのすべての農民を対象とする保護政策を一変させるものであった。農基法がめざす自立経営農家とは、「二人ないし三人の労働単位をほぼ完全就業せしめる規模であり、経営規模であらわすと、一町五反以上二町未満の層よりも大なる規模の経営」とされた。当時、この基準をクリアできる農家は約三割であった。

その実現を図るために、農業近代化資金、農業構造改善事業、農地法改正などの新しい施策が次々に具体化されていった。その柱をなすのは農業構造改善事業で、零細な土地所有、零細な経営、家族労作、米麦中心、多肥多労などのわが国の農業を特徴付けてきた農業経営の近代化・合理化を図ろうとするものであった。

農業構造改善事業の主なものは、土地改良などによる土地・水利条件の整備、道路などの環境整備、大型機械化など近代的施設の導入、家畜・果樹の導入など生産の選択的拡大、自立経営農家の育成、協業の育成、農地の集団化などであった。その基準として、一区画三〇アールの圃場整備、幹線農道は二車線、大型トラクター等の経営近代化施設の導入がセットされ、地域の実情を無視した画一的な内容であったため、各地で摩擦が生じた。畜舎の規模も、乳牛舎三〇頭以上、肉牛舎二〇頭以上、豚舎は繁殖五〇頭、肥育三〇〇頭以上というものであった。

茨城県は、玉川村と鹿島郡旭村（現鉾田市）をパイロット地区と指定し、事業を進めようとした。玉川村が指定されたのは、玉川農協の営農形態確立計画によるめざましい実績が県内外の注目を集めていたからであった。旭村は事業実施に至らなかった。

同農協で議論し、検討した結果、土地基盤整備はやらない、大型コンバインは要らない、五つの営農類型ごとに低利の資金を融資してほしい、という方針で国、県と折衝した。この要求が実現しなければ、玉川農協はパイロット事業の指定を返上すると主張した。農民の寸法と地域の尺度で実施したい、ということであった。

折衝の結果、区画整理と三〇アールへの拡大は行わないが、暗渠排水工事と壊れている用排水路の整備は行う、コンバインは導入しないが、小型トラクターを三台導入する、営農類型の補助対象は稲作と養豚とする、という事業内容になった。

この時の玉川農協の立場は「構造改善事業は、国や県のために行うものではなく、組合員農家が少しでも楽な生活ができるために行う。現実に、就業構造、消費構造の変化が進んでいる時、『構造改善』は政策がどうであろうと取り組まなければならないこと」（茨城玉川農協四十年史編集委員会編『茨城玉川農協四十年史』茨城玉川農業協同組合、一九九〇、一〇四頁）と明確であり、農民不在ではなかった。同農協の六三年三月の総会での事業報告書（「玉川農業協同組合関係資料」茨城県農業史研究会編『茨城県農業史　第七巻』茨城県農業史編さん会、一九七〇、五七八頁）は次のように述べている。

本地区の構造改善事業も、土地基盤整備の一般論としての必要性では関係農民を納得させることが出来ず、現実的な方策で認めざるを得なかったのも当然であるし、そのような要求をつきあげた農民の立場も正しかった。『でなければならない』『あるべき筈だ』と云うだけでは、現実の施策は進むものではない。生活のための農業は、実験ではない。あくまでも、農民の負担は、農民の納得のうちに進められるときに、可能だと知らねばならない。

農業構造改善事業パイロット地区としての事業の大きな柱の一つは、共同豚舎の建設であった。養豚、養鶏、酪農の飼育農家が増え、規模が拡大してくると、畜産の糞尿、悪臭、ハエの発生など生活環境は悪化した。

共同豚舎はこの悩みを解決するために、「生産と生活の場を分離する」という考え方から生まれた。住居の周辺から家畜を外へ移す。人間の生活の周辺から、生産としての家畜の飼育を分離する。豚舎を、住宅地から別の場所に離し、それを集合して作る。豚舎は農協が作る。それを農家に貸し出して、個々の農家の過重な負担、過剰な投資を軽減する。この豚舎を利用する組合員は農協にその利用料を払う。農協はこれを「豚のアパート」と呼んだ。施設設備の一切を借りて飼育し、家賃（利用料）を払うからだ。

この豚のアパートは、一棟で常時五〇〇頭飼育できる規模の豚舎を一〇棟、合わせて五〇〇〇頭飼育するもので、事業費は二四二五万円であった。この完成は六六年八月に完成し、四戸一組の共同経営とした。共同で行うのだから、労働力はこれまでの半分でよく、二日豚舎に出れば、次の二日は稲作など他の仕事に従事できた。豚のアパートには、家畜排せつ物による環境悪化・畜産公害に対処するための国の実験的な処理施設として糞尿処理施設もできた。

この共同豚舎は、その後共同経営から個別の経営に転換した。

8　農協間協同による営農団地づくり

茨城県玉川農協の営農形態確立の運動が、周辺の農協に注目と共鳴を呼ぶようになってきた。特に、小川町、三村、関川などの農協では、玉川農協と同じように、酪農、養豚など営農類型別の組織づくりを始めるようになった。農家の経営がよくなっていっただけでなく、農協の経営も大きく拡大していったことがその要因であった。

一方、玉川農協内部でも矛盾を抱えていた。農協では、土地規模の小さい農家に資金を集中し、資本構成を高めていった。しかし、価格の暴落、豚コレラの発生などで危機に瀕したこともあった。この危機への対応策が「生産の一過程を農協が担う」ということであった。養豚では、子豚を農協で生産し、農家は肥育に専念する。酪農では、農家は搾乳だけを行う。このようにすれば、農家の技術は単純化され、投下資本も少なくて済み、危険度は減少する。

このように、一つだけでなく四部門もある生産過程の一部を農協が担うには、農協の規模が小さすぎることがわかった。玉川農協の組合員は三〇〇人に満たない。専門技術者を置くには規模が小さすぎるし、生産施設や流通施設を作っても採算が合わない。他の農協でも同じ悩みを抱えているのなら、一農協の枠を取り払って、農協同士の協同ができないだろうか。こうして、農協間協同と畜産団地構想が生まれた。

ちょうどその頃、一九六二年に全国農業協同組合中央会（全中）から営農団地構想が打ち出された。その構想のあらましは全国農業協同組合中央会『全国農業協同組合中央会史』（同会）の「営農団地の構想」（三四一～三五二頁）によれば以下の通りである。「高度経済成長が進み、工業が発展していくにつれ、農業労働力が都市部に流出し、所得の向上による農産物需給の変化、それに伴う市場の変化が起きる。この変化に農協が対応していくには、従来のような個々の農家がばらばらに出荷するのではなく、集団生産によって大量の取り引きが可能なまとまりを作り、市場に対する支配力を強めていく。消費需要の動向を考慮して主産地を計画的に造成していく。必要な生産流通施設の経済性や営農指導体制を総合的に見て、産地を最も合理的な経済圏とする。この経済圏で、農協が主体となって、営農指導、資金や生産資材の供給、生産物の処理販売など、すべての機能を計画的、有機的に結び付ける。そうして、地域内の農家が安心して生産ができ、経営を継続していける経済的条件や環境を作る」というものであった。

当時の全中でこの構想をまとめる中心だった営農部長の松村正治は、営農団地は地域内の農家の経営安定と所得増大が目的で、そのために広域経済圏、生産販売一貫体制の事業方式、協同活動の三つが重要だと説いていた。「団地」という表現は、当時政府が全国的に建設を進めていた「住宅団地」から取った。住宅団地は、学校、生活センター、医療施設、金融機関などの生活施設が機能的に整備されていた。営農団地も同様に、各種団地別に生産から流通に至るまでの一貫した機能（施設）と規模をもってはじめて営農団地となるものである。

全中がこの構想をまとめるにあたっては、玉川農協のプラスアルファ方式の実践事例があり、松村らは一門の影響を強く受けていた。営農団地づくりは、のちに戦後の農協運動の中で特筆すべき活動だと評されているが、小さな農協での試行錯誤の経験が全中を動かし、全国の農協の当時の進路決定に結びついたのである。

全中が玉川農協に注目したきっかけについて、山口一門は『茨城県農業史』にこう記している。

「当時全中職員で、営農を担当した川崎鉄志氏が、本県の鯉渕学園の出身でもあった関係で、この玉川農協の動きに注目し、その運動の経過を詳細に調査し、地域農業の計画化のなかで果たすべき農協の役割を整理した。営農指導を具体化し、農協の経済活動のなかで、どう組合員の利益を前進させるかは、農協組織の重要なる課題であった。ようやく成長した商品生産農業と分化した経営を統一するために、農協の生産組織を地域的部落組織から、機能的類型組織の確立に求めた玉川農協の経験から、川崎氏が発見したルールは何であったか。それは、自然的、社会経済的諸条件をほぼひとしくする農協が、地域間協同活動によって、生産から流通にわたる一貫した計画を樹立し、合理的な計画生産と共販の地域基盤を確立する事が、農協の営農活動の正しい方向であるとしたのである」（茨城県農業史研究会編『茨城県農業史　第六巻』茨城県農業史編さん会、一九七一、六二三頁）。当時、一門が考え、実践してきたことが的確に整理されている。

全中は、営農団地の具体的内容として①営農団地内の農家の経営規準が作られていること、②作目ごとの生産者組織があること、③農協の指導体制が整備されていること、④生産、流通についての一貫した施設が体系的に配置されていること、⑤長期平均払制など積極的な営農金融の方策が採られていること、の五つを挙げている。

全国農業協同組合大会は三年に一度開かれる。一九六七年の大会では「日本農業の課題と対応」を決議した。いわゆる「農業基本構想」であり、「高能率・高所得農業の建設」をうたっている。課題実現の方向として集団生産組織と営農団地の推進がうたわれ、農協の対応としては、「営農団地を基本とする生産体制の確立」が最初にあげられている。茨城県の玉川農協および石岡地区の農協が試行錯誤を重ねながら進めてきた営農団地の造成がこの時、全国の農協運動の中心課題に据えられたのである。

石岡地区では、全中の営農団地構想が出されたこともはずみとなって、管内の二二農協の話し合いが進み、「畜産団地」を農協間協同で作ろうと発展していった。個々の農協が単独では採算が取れない施設の共同設置、流通規模の拡大、専門技術者の配置、飼料買い付けの合理化のための飼料工場の建設など、構想はふくらんでいった。

畜産団地ができるとどのようなメリットがあるのか。それをわかりやすくまとめたのが「団地の効果十ヵ条」（前掲『茨城玉川農協四十年史』一一六〜一一七頁）である。

（1）農民と農協の施設負担を共同によって軽減することができる。

（2）技術指導の体制を強化することができる。一農協だけでは専門の技術職員を置けないが、一団地になれば、各部門別に指導者を置くことができる。

（3）規格化、量産化によって流通の合理化を図ることができる。

（4）計画生産によって価格安定対策を前進させることができる。

（5）加工、貯蔵を実現できる。

（6）農業経営そのものの共済制度をつくりだすことができる。

（7）地場消費市場を掌握することができる。

（8）安全性が高まり、資金の確保がしやすくなる。

（9）牛乳や肉類の還元配給が実現でき、農民の健康をまもることができる。

（10）商品生産別の農家群が広範に組織されるので、これまでなかった養豚、養鶏などの農民の統一行動により、米価闘争のような価格闘争を実行することができる。

もともとこの地区には、牛乳の農協共販をめざして設立された茨城県石岡地区酪農業協同組合連合会（石酪連）があった。また、茨城県経済連の支所の単位となっており、一つの経済圏を形成していた。その範囲は、行政の単位とは関係なく、石岡市、新治郡（出島村、玉里村、千代田村、八郷町）、東茨城郡（美野里町、小川町）の一市三町五村にわたっている。当時の農家は一万七三〇〇戸、耕地面積が一万九〇〇〇ヘクタールであった。

畜産団地造成とは言っても、農協間の意思統一は簡単ではなかった。農協間の経済力に差があり、畜産に取り組んでいない農協もあった。意思統一のために、組合長、参事、担当職員それぞれの段階で繰り返し会議が開かれた。農家への説明も「団地の効果十ヵ条」などによって行われた。組合長や農協職員よりも組合員の方が納得するのは早かったという。

生産計画づくりが進み、行政への説明会も行われていった。次に、どの地域にどのような施設を作るか、経費はどこが負担するのかなどが詰められていった。

話し合いの結果、玉里村には近代化施設としてトラクター一台、格納庫一棟、共同豚舎一〇棟、付属舎四棟、糞尿施設一、事業費は合計で八二八三万円、受益戸数は二六一戸が、他の町村には共同集荷所、集乳所、養鶏センター、繁殖豚センター、コールドステーション（茨城県経済農業協同組合連合会が設置）などが取り入れられた。農基法農政の目玉である構造改善事業としての土地基盤整備事業は、石岡地区の組合長が国や県に対して、大規模な国営土地改良事業として実施してほしいと申し入れた。その結果要求が容れられ、国営石岡台地土地改良事業として実現し、その実施母体として石岡台地土地改良区が設立された。同土地改良区は霞ヶ浦から導水する灌漑施設の維持管理、地区内の農地の保全などを業務とした。村域の幹線水路は七二年に完工した。玉里村域の構造改善事業は七〇年に終結した。

石岡地区畜産団地造成の計画が進む中で、共同施設の所有をどうするかがなかなか決まらず、広域経済圏事業の主体となり、共同施設の一切の設置と管理運営の役割を果たすために石岡地区農業協同組合連合会（石岡地区連）を発足させることになり、会長に山口一門が就任した。石岡地区連は、経済連などの連合会が行っている事業には手を出さず、これまで手がけてこなかった生産・流通施設の組織化、生産の計画化などを進めることとなった。地区連の事業は一九六五年に開始された。営農団地構想の時点では地区内の農協数は二二であったが、合併により一五農協となった。翌年から四年にわたって各種近代化施設が続々と建設され、総事業費は三億五八一二万円にのぼった。

この間に、生産農家の組織として石岡地区園芸農民協議会、畜産農民連絡協議会（畜連協、そのなかに酪農、養豚、養鶏部会を設置）が結成されている。畜連協は、地区内の畜産組合員の要求を直接反映させる仕組みとして、すべての生産部会の代表者と農協の組合長がまったく対等の立場で協議しあうために作られた。畜連協が動き出すと、組合長の中には農協の計画作成に組合員が直接参加することを嫌う人もいたため、一九六九年に解散し、農民の自主的な組織として同年に石岡地区畜産農民評議会（地区評）が結成されている。玉川地区にも玉川地区畜産農民連絡協議会（玉川畜連協）が自主的な組織として六六年に結成され、飼料価格の値上げ、価格保障、課税標準などの問題に積極的に取り組み、飼料値上げ阻止運動、農業危機突破大会の開催、税務署への要請、畜産による霞ヶ浦の環境悪化対策などの活動を展開していった。飼料値上げ阻止などの運動は石岡地区だけでなく、県内、県外にも波及していった。また、玉川や石岡地区の運動は、当時の農民組合運動にも影響を与えていた。

石岡地区ではこのように、国の構造改善事業と農協の営農団地づくりがタイアップした形で進められたが、一般には、「農協の営農団地運動は、当初から政府の構造政策＝自立経営育成政策に対する批判のうえに展開された。すなわち、〈農業基本法〉に掲げる自立経営育成政策が農家の選別という発想を根底にもつのに対して、営農団地構想はこれを否定し、産地をいわば経済地域としてとらえ、生産・流通施設の経済性、営農指導の合理性などの視点からこれを団地としてまとめて育成していこうとするものである。前者が個別経営視点からみた農家の位置づけであるとすれば、後者はむしろ流通視点からみた団地化である」（佐伯尚美『新版　協同組合事典』家の光協会、一九八六、三五六頁）ととらえられていた。太田原高昭も石岡地区の動きについて「石岡地区農協畜産団地は、プラスアルファ作物のうち畜産について小規模産地の限界を超えようとしたものであり、そのために農協同士が水平的な事業連携によって広域的産地形成を図るものであった。茨城県南部に出現したこのような下からの動きは、農林省が一次構（第一次構造改善事業）をテコにして進めようとした主産地形成の視点をしっかりと含んでいた。それは高度経済成長が要請する近代的な産地形成への農民的コースであり、農家と農協を主人公に据えている点で官主導の主産地形成事業へのアンチテーゼとなりうるものであり、営農団地構想は明確な構造政策への実践的批判であった」（大田原高昭「農基法農政下の農業協同組合」『北海学園大学経済論集』第五五巻第三号、二〇〇七）と評している。

一九六四年の全中調査によると、営農団地は全国で八三四に達し、作目別には稲作三九〇、野菜一四三、養鶏七九、養豚六四、肉牛二五、酪農が二四であった。当時注目された大型のモデル営農団地は、石岡地区の他に山形県置賜地区、愛媛県宇和島地区があった。

では、これらの営農団地が十分に機能したのか。今日の評価では肯定的には言えない。当時ですら「営農団地は〝幻の営農団地〟といわれつづけてきた。意欲的に取り組むところがあっても、点としての実験にとどまり面的な展開はなかった。そうならざるをえなかったのにはさまざまな要因があるが、問題にしたいことは、営農団地造成をすすめるにあたって、中央会が一生懸命に笛を吹いても、経済連、信連、全購、全販等の事業連の協力が十分でなかった。（中略）行政と一体化して、補助金体系に乗った農業団地育成事業との合唱として営農団地造成がすすめられた多くのところで共通してみられることは、補助金で機械・施設の導入が行われ、その機械・施設の効率的稼働のために組合員の組織化が営農指導事業として取り組まれているという現象である」という指摘があった（梶井功「農業生産と農協の営農指導事業」『農協経営全書　第三巻』家の光協会、一九七五、五一〜五二頁）。

石岡地区に対する私の評価は後に述べる。なお、石岡地区農協畜産団地は一九七一年度に営農団地として第一回日本農業賞を受賞している。

9　生産施設の集団化と米の比重の低下

茨城県玉川農協の柱である養豚事業は、共同経営、集団豚舎により規模を拡大し、霞ヶ浦の汚濁のもととなる糞尿処理施設を作るなどして発展していった。この方式を園芸にもと、ハウス園芸組合員の集団化が図られた。園芸の作目は促成キュウリと抑制トマトであった。トマトは土地によって品質の格差が大きいので、病気が出にくい場所にハウスがまとまれば、技術も品質も平準化し、メリットがあるという考えからであった。

ハウスの集団化では、ハウスは個々の組合員の所有とし、倉庫、管理室、電気施設、水道、病虫害防除の配管など共同利用できるものを農協所有の施設として、組合員はこれを利用する方式とした。建設されたハウスは一棟三〇〇坪という大型のものであり、一九六七年秋に集団化が実現した。養豚団地はすべてを農協から借りる方式であったが、ハウスの場合は、個人所有の集合住宅と同じなので、「マンション方式」と言われた。

一九五七年から本格化した水田プラス養豚の部門は、価格の暴落や豚コレラの危機を乗り越え、大きく成長していった。価格の暴落には、長期平均払精算制度を創設して対処していった。枝肉価格は上昇し、平均払制度によって自己資金が確保でき、養豚規模拡大の気運が高まっていき、集団・個人経営・子取りから肥育までの一貫経営・通勤方式の必要性が確認された。六九年に、六人の規模拡大希望者が三・一ヘクタールの土地を確保し、養豚団地を造成することになった。徹底した防疫と肉質改善をモットーとし、糞尿発酵乾燥施設を設置し、完熟たい肥を作り、耕種農家への供給を始めた。

玉川農協が営農形態確立計画を進めた当初は、米を中心にプラスアルファという方式であった。しかし年代が進むと、プラスアルファ部門が急速に伸び、結果として米の比重は年々低下していった。農協の販売総額に占める米の割合は一九五六年には六六・六％であったのが、米の生産調整が始まった七〇年には一〇・九％と六分の一にまで下がってしまった。代わって伸びたのがレンコンである。霞ヶ浦沿岸の湿地帯という条件もあり、減反の割り当て面積はレンコンで消化していき、七一年には作付面積が四八ヘクタールと飛躍的に伸び、販売額も六九年の三倍に達した。その後もレンコンの栽培は増えつづけ、八七年度の販売額は三億二九〇〇万円になった。

米の比率はその後も落ちつづけ、一九八八年には販売総額のわずか二一・五％にまで下がった。稲作は、この地区では、開拓や畑の陸田への転換ができないため、水田面積の増大が望めないという状況もある。そして、米の比率の低下は、畜産、果樹園芸の部門で規模拡大が進んでいったことを示している。

10　文化連と一門の組合長退任

農協の設立については先に述べた。敗戦の混乱期にあって、わが国の農村の民主化を図る方策の一つとして農協が設立されたが、村内にあっては旧小作層と地主層、産業組合以来の職員と外地引揚者等の新興勢力、保守と革新の対立と全国各地で複雑な状況であった。茨城県内でも第一章でみたように、村内に二つ三つの農協が並立する地域もあった。

GHQと政府の指導と推進によって、一九四八年末までには市町村単位の農協（単協）はほとんど設立を終え、県組織、全国組織も同様であった。全国段階では、全国指導連、全国販売連、全国購買連が同年一〇月に設立された。しかし設立の過程で、協同組合とは何かという根源に迫ることはなく、生産農民の主体性が反映されたものとはいえなかった。全国連も「全国農業会の看板の塗り替え」であった。

こうした農協設立運動は不十分であるとして、農業会の徹底解体と民主的農協の設立推進にあたったのが農業協同組合協会（理事長 黒田寿男日本農民組合委員長）であり、同年八月に設立された。同協会は、大資本に対する抵抗運動の路線を歩む農協の連合会、農民と直接に接点を持つ、大衆組織としての民主的運営を貫徹する、農民組織と統一行動を取る、県組織を省いた二段階制を理念として掲げた。

その構想に基づき、一九四八年に日本文化厚生農協連合会（文化連）、日本購買農協連合会（日購連）、日本販売農協連合会（日販連）が結成された。いずれも、単協と全国連の二段階の形態をとった。文化連は農村文化運動の発展を図り、農民の健康を守るために、日購連、日販連はそれぞれ購買、販売事業を、農民の意思を尊重して全国段階で推進しようとした組織である。いずれも、日本農民組合の影響の強い関東、信越地方の農協の加入が多かった。

玉川村農協は農民本意の全国連の必要性を認め、いずれの組織にも加入した。

一九五一年に山口一門は文化連の第二代会長に選任され、七三年までと、八七年から九〇年まで務め、その後顧問となった。

文化連は現在、医薬品、医療機器、医療材料などを扱い、各県の厚生連や組合病院への医療品の供給事業と会員単協の健康と生活を守る活動の補完機能の役割を果たしている。二〇一九年度末の会員数は九一、供給実績は八一一億円となっている。

一門の文化連の活動と切り離せないのが農協問題研究会（のちに全国農協問題研究会に改称）などの学習・研究組織での活動である。あまりきれいではなかった新宿農協会館（文化連）には、梁山泊のように、一門らの民主的な農協経営者や農協職員、美土路達雄らの研究者、農協短大などの学生たちが集まり、いろいろな学習会や研究会が開かれ、農業や農協について熱い議論が交わされていた。

その集大成として一九七九年三月に農協問題研究会が設立され、一門が会長に推された。設立当時のメンバーは一門の他、奥登（大分県下郷農協）、駒口盛（宮城県南郷町農協）、草野太（福島県福浦農協）、清水淳（群馬県木瀬農協）、菅谷英一（栃木県水橋農協）、佐藤幸蔵（新潟県大江山農協）、前田穣（宮崎県綾町農協）らであった。同研究会は「農協よ、これでいいのか」について本音で語り合える場にしたいと各地で毎年全国研究集会を開き、農協の合併問題や食と農、農村の高齢化、地域農業、農協の加工施設、生産資材価格引き下げ、産直、生協との提携などさまざまなテーマで各地の事例交流などを行っていった。事務局を担っていた文化連職員の波木井芳枝の献身的な努力が私の記憶に残っている。同研究会は一九九四年頃まで続いた。

これより先の一九六六年に農協実践大学が設立され、全国の農協関係者らが集まり、玉川農協大学を開いている。さらに同農協では七四年に後継組合員の学習の場として組合員学校を開き、参加者は日本農業史や農業経済学、農村文化、自治体論などを学んだ。講師は櫻井武雄、東敏雄（茨城大学）、鞍田純（鯉渕学園）、浪江虔《けん》（農山漁村文化協会［農文協］）などが務めた。

一門は、この研究会や実践大学とは別に、一九八三年に地元で「山小屋塾」を主宰して、玉里村の農業青年や農協職員を集めて共同学習の場を作った。「山小屋」は村内にある焼き肉屋で、ここで月に一度集まり、テキストを使った勉強会を開き、後半は一杯やりながらの懇談会とした。一門が講師・助言・運営指導をした。テキストは近藤康男『昭和ひとけたの時代』（農山漁村文化協会、一九八二）、福武直『日本の農村』（東京大学出版会、一九七八）など。メンバーの一人であった下玉里の山口ヒロナリによれば、この塾は七、八年続けられたという。

一門は一九六九年五月に茨城県農協中央会副会長に選任され、翌年四月に玉川農協組合長を退任し、組合長には専務理事であった小松崎一郎が選任された。

一門が中央会副会長に就任した翌年からいわゆる米の生産調整が始まり、中央会はその対応に追われた。また農協の合併推進も引き続いて進められていた。一門が力を入れていた生活活動の面では、生活指導員の育成に力を入れ、一九七二年には生活指導員設置農協を対象に「農民の健康を守る運動」が展開され、農村婦人一万人を対象に健康診断が実施され、以後現在まで行われている。

一門は七二年五月に茨城県農協中央会副会長を退任（五四歳）し、七九年四月には玉川農協の理事も退任し、「一農民、一組合員」となった。

一門らが推して知事になった岩上二郎は、四期一六年知事を務め、一九七五年四月に退任した。後任に一門を推す声が各界から強くあがり、立候補すれば当選すると言われていた。私も山口宅に行き、出馬を要請した。その時一門は「先崎君、野人のオレが知事室に入って、似合うと思うか」と言い、結局知事選には出なかった。話をしていた時、家人が某政党の県委員長が面会に来たと一門に告げた。「事前に連絡なしで来るなんて失礼なヤツだ。構わん、外で待たせておけ」と相手に聞こえる大声で叫んだのを記憶している。約束に厳しい人であった。

11　新たな段階に入った広域営農団地
――「石岡地区報告書」と「仙南営農団地十年史」をめぐって

(1)　幻（?）の営農団地

農協界で〝営農団地〟という言葉が使われるようになってからすでに一五年以上経つ。営農団地のねらいは「系統農協が主体となって、生産から流通にわたるすべての機能を有機的に編成し、その担い手になることを通じて、農業の生産性の向上と、経営の安定および所得の向上をはかる」（全国農協中央会「日本農業の課題と対応」一三頁）ことにあった。

営農団地構想は、先述の通り、茨城県石岡地区の広域営農団地がモデルであり、さらに玉川農協のプラスアルファ方式による営農類型の確立、所得目標の設定などにさかのぼることができる。

そして一九七〇年代になると、農林省までもが言葉こそ違え、農業団地の育成をすすめるようになった。こうして農協サイドからも行政サイドからも、営農団地造成こそが農業生産基盤確保の決め手であると位置づけられ、それこそどこへ行っても営農団地がつくられた。しかし現実には、名前はあっても姿が見えない、ただ数字合わせをしただけの〝幻の営農団地〟がいかに多いことか。

私は先に石岡地区の動きを見る機会があったり、自分で歩いて話を聞いてみたりして、これまで他から営農団地のモデル、優等生とみられている石岡にすら問題が多くあるのを知ったのである。

一九七六年に、この石岡地区と宮城県仙南地区から注目すべき報告書、記念誌が出された（茨城県農協中央会『昭和五一年度作目団地総合化調査事業報告書』と仙南地区広域営農団地運営委員会『仙南地区営農団地十年史』）。以下、この二つに基づき、石岡地区の営農団地の一九七〇年当時の実態をみていく。

(2) 石岡地区営農団地のあらまし

一九七八年時点において、茨城県石岡地区営農団地の区域は一市三町三村に及び、一五農協から成っている。管内の農家戸数は約一万二〇〇〇戸、専業農家の割合は県平均より高く一七・五％、一戸平均の経営耕地面積は一・二ヘクタールとやはり県平均よりやや多い。一戸当たりの農業粗生産額は三八七万円になっている。

石岡地区営農団地の核は石岡地区農協連合会（地区連）である。一九五六年に発足した酪農業協同組合連合会（酪連）を改組し、一農協では負担しえない生産関連施設を農協間協同によって維持することを目的に施設農業協同組合連合会（施設連）として六五年に設立された。これまでに作られた施設は育苗圃、果実中継集荷所、共販センター、鶏卵集荷所、食鶏処理所、繁殖豚センター、防疫センター、機械化ステーション、営農研修センターなど多岐にわたっている。地区連は今日ではさらに営農団地管理センターとして、畜産、園芸部門の経営方針および政策等の統一、生産と流通技術の統一、事業方式の統一をはかり、参加農協の生産物を統合管理し、団地メリットを生み出すべく、活発な運動を展開している。

例えば、その一つに石岡地区配合飼料供給事業（地区配）がある。畜産経営の規模が拡大すればするほど自家配合の比率は落ち、購入飼料の価格や内容が経営を左右することになるが、石岡地区の畜産農民はこれまで、飼料価格の値上げのたびに納得のできる価格と配合内容の公開を全農や飼料メーカー等に要求してきた。この地区配供給はこうした運動の延長線上にあり、消費者から安全な肉を、という要望も高まってきていることとからめて、自家配合と同じように、生産者が自分の好みのメニューで飼料を作ることがねらいであり、一九七六年度からスタートしている。このための飼料用麦の栽培も始められた。

地区連が文字通り、営農団地の管理センターとしての機能を果たしているものに養鶏事業がある。地区内の生産指導から販売まで一元化されており、生産者の手取りは従来よりかなりよくなっているようである。このための職員も、中心となる農協から出向、自分の出身農協だけでなく、全農協の生産指導、販売にあたっている。

こうして生産された鶏卵のかなりの量は、生協や消費者グループなど生産費所得補償方式にもとづく、一年一本の価格で出荷されている。このために、抗生物質などは飼料に入れない、緑飼を毎日与えるなどの注意も払われている。

また、肉、卵の地場消費にも力を入れ、生活班を組織、各農協とも一〇日に一回、〝肉・卵の日〟を設け、〝新鮮で、安全で、適正な価格〟をモットーに、二台の専用保冷車が地区内の農家を回っている。昨年の実績は豚が六〇〇〇頭、卵六六〇トン余りだったが、生活班の単位を五人くらいとし、班長が負担にならない範囲で、今後は品目を増やしていく方針だという。

(3) 石岡営農団地の問題点

さて、同報告書はこうした評価すべき点よりも、現在かかえている問題点を鋭くえぐり出している。まず第一は、畜産の石岡といわれながら、米以外の作目の農協への共販比率が非常に低いことである。野菜五三%、果樹二一%、畜産三四%と驚くほど低い数値である。大規模畜産農家がかなり商社系インテグレーションに組み込まれていることを物語っている。さらにこのことは、農協の対応が非常にバラバラであり、農協間の格差が大きいことを示している。養豚の場合でも、部会の活動が不活発で、農協主導型になっている、農協の担当職員は集出荷に追われ、農家の経営指導が不十分、農協と生産者は団地メリットを追求しながらも、自らの計画生産、計画出荷を行っていないなどの問題点がある、とされている。

施設連としてスタートした石岡地区連であったが、その生産流通施設も十分に稼働していたものは少なく、全く利用されていない施設すら出ている状態がつづいた。

そして報告書では、共通の問題点として次の九つを指摘している。

① 生産者の把握が完全でない。特に大規模農家と零細兼業農家の農協離れが目立っている。

② 農協によって、団地事業に対する理解に欠ける面がみられる。

③　農協によって、生産部会は無理にまとめたような傾向があり、自主性に乏しい面が見られることと、任意集団として活動してきたこともあって、農協との接触は薄い。

④　農協は、組合員の生産計画と営農類型設定について話し合いが不十分である。

⑤　農協の営農指導の方向については統一されていない。

⑥　農協の営農指導員の一部については、生産農家の期待に対応できず、信頼されていない。

⑦　生産と集荷については、団地活動が行われていても、調整・保管と分荷機能がほとんど機能していない。

⑧　作目別に導入された機械及び施設は、使用期間が短かく《ママ》、遊休化している。

⑨　野菜、果樹は地力低下が問題となっており、特に野菜については嫌地《いやち》現象がみられる。

そして今後の課題として、①農業経済圏を単位とする重点作目の複合化、②地域複合営農体制の確立、③共販の強化、④施設の効率利用、⑤情報処理機能の強化、⑥地場供給対策を含む市場出荷と流通の近代化、⑦営農団地の強化と各会（連合会）機能の団地集中化、を掲げている。

具体的には、作目団地を複合化し、これを総合管理運営するために「営農団地協議会」を設立し、その機能を強化するため、「団地管理センター」を設置する。センターには団地マネージャー、広域営農指導員、作目別事業部長を配置し、事業の推進をはかる。

また、組合員農家を営農類型別に登録し、団地事業部制を確立するとともに、機械施設の整備登録を行い、その効率利用をはかり、マーケティング活動を通じ、有利な販売体制を確立する。このように、農協間の「統合参謀本部」が設置され、体制が強化されることによって、農協相互間や作目別の補完関係が強化され、格差是正がはかられ、あたかも「同一経営体」の姿が実現できる、と方向づけている。

広域営農団地はいうまでもなく、ひとつの農協ではできないことを協同組合間協同によって対処し、メリットを生み出すことがねらいのひとつであった。しかし、今まで見てきたように、畜産の石岡といわれながら、農協の共販率がわずかに三分の一しかないということは一体なぜなのか。石岡の場合、その最大の要因は、同じ団地に属しながら、農協によってその対応がマチマチであることなのではないかと推測しうる。一〇年以上にわたる各農協の対応の差は、もはや量を超えて質の違いにまで及んでいるようである。

組合長や参事、担当部課長でひとつのことを決めても、その方針が生産部会の構成員ひとりひとりに伝えられ、守られなければ、いくら立派な計画をたてても、それは所詮絵に描いた餅にすぎない。ある農協では、いかにいいものを生産し、それをいかに高く売り、生産者のふところを豊かにするかを考え、ある農協では、どうしたら自分の農協にモノを集められるかを考えている。これではいくら農協間協同を叫んでも、メリットを現実のものにしていくのは大変困難なことである。組織が組織として機能するには、全体の意思統一、コミュニケーションがスムーズになされなければならないはずである。

（以上は、一九七八年に発表した石岡地区と仙南の二つの営農団地について論評した「新たな段階に入った広域営農団地」『農業協同組合経営実務』一九七八年五月号のうち、石岡地区についてのみを修正・再掲した）。

12　産直運動への取り組みと失敗、その後

卵価の下落と飼料価格のたび重なる値上げで、一九七〇年頃から七三、四年頃までの養鶏農家の経営は危機を迎えていた。この状況を打破しようと、茨城県玉川農協は七一年の総会で消費者と直接提携する方針を打ち出した。そして事業計画に「農畜産物の有利な販売を目途に加工施設の設置および販売体制の確立」「統制撤廃を前提として生活協同組合および消費者団体と提携」（「玉川農協四十年の歩み」一七六頁）を掲げた。

最初の提携先である「天然牛乳を安く飲む会」との出会いは一九七二年五月であったが、そのきっかけとなったのは、協同組合短期大学教授（同短大が廃校になったのちに北海道大学教授）の美土路達雄の紹介であった。協同組合短大は全中の意向で廃校になるが、七〇年安保の前後に美土路たちは「上北沢地域共闘会議」を組織し、その活動の中から七二年に「天然牛乳を安く飲む会」（以下「飲む会」）が誕生し、「飲む会」が翌年に東都生協となった。同生協は「いのちとくらしを守るために」産直、協同、民主の三つの目標を掲げている。本拠地は東京都世田谷区で、現在は東京都のほか埼玉、千葉、神奈川までを領域としている。組合員は二〇二〇年現在約二五万人、供給高は三〇一億円である。

玉川農協と「飲む会」は、最初に卵の品質、飼育方法や養鶏業界の動向、市場流通の矛盾点など幅広い問題で協議を行った。そして、価格は再生産費補償方式とする、鶏の飼育にあたっては抗生物質や防腐剤、抗菌剤を使用しない、緑餌を一日に一〇グラム与える、などを取り決めた。「飲む会」の会員は農協を訪れ、組合員との交流も始まり、信頼関係が深まっていった。一九八八年には交流施設として「東都生協産直の家」も建設された。

「天然牛乳を安く飲む会」は文字通り「ニセモノ牛乳」が横行していた時に、ほんものの牛乳を飲みたいとしてスタートし、千葉北部酪農協との提携を続けていた。石岡地区でも市販牛乳の加工施設を作る計画があったが、実現しなかった。このために玉川農協は独自でミルクプラントを作ることを決め、一九七四年に竣工し、同年五月に供給を開始した。当時の管内の酪農家は一八戸であり、取引の中心は埼玉中央市民生協で、他に学校給食など集団飲用組織や病院などがあった。ミルクプラントではその後、タマゴプリン、ヨーグルトなどのデザート部門を拡充し、八〇年に操業を開始した。余乳対策と付加価値を付けて販売するのがねらいであった。

玉川農協と提携関係を結んでいた東都生協は、豚肉は千葉県の匝瑳農産物供給センターから供給を受けていた。ところが同センターは一九八〇年に東都生協に豚肉の供給停止を申し入れた。養豚不況のあおりで生産量が減少し、供給は県内だけにするということからであった。

このために東都生協は玉川農協に豚肉産直の申し入れを行い、鶏とほぼ同様の仕様で豚肉の産直を始めることになった。農協には豚肉の加工施設がなかったので、カットとパックを土浦市にある県経済連の共同食肉センター（ミートセンター）に委託した。

しかし、ミートセンターの処理方法ではクレームが多く出て、独自のミートセンターを建設したいという要望が強くなっていった。それと並行して、良質の豚肉を生産するために鹿児島バークシャーの導入が進み、とうとう一九八三年にミートセンターが完成し、供給が始められた。一九九〇年時点での養豚部員は二九名、飼養規模は肥育豚が約七七〇〇頭、種豚が約一四〇〇頭、子豚が約三二〇〇頭であった。

玉川農協と東都生協の産直にはその後レンコンも加わり、生産者と消費者の提携事業は発展、実績を伸ばしていった。

しかし、両者の関係は二〇〇二年に暗転する。同年三月に玉川農協が東都生協に供給してきた豚肉に輸入肉が混入していたことが匿名の情報提供によって明るみに出た。しかもそれが一六年にわたって続けられてきたのである。

食品の偽装には産地偽装、原材料偽装、消費期限・賞味期限偽装などがあり、二〇〇一年には雪印食品による輸入肉を国産と偽った牛肉偽装事件が発生し、雪印食品だけでなく、その母体である雪印乳業まで解散、再編に追い込まれた。食品偽装事件はその他にもミートホープによる豚肉と鶏肉の混入、北海道の「白い恋人」、伊勢の「赤福」の賞味・消費期限違反、茨城県内では干し芋の表示違反などが記憶に新しい。

玉川農協の場合は産地偽装にあてはまるが、一般の偽装とは違い、生産者と消費者とがその内容、仕様を決めて供給してきたという点で、事態は重大であった。しかもそれが一時的、一過性ではなく、一六年にわたって継続されてきたのである。さらに、農協、生協双方の経営者がそのことを見抜けなかった（と主張している）。この偽装を農協の経営者が知っていても知らなくとも、農協の経営責任はきわめて重い。当時の組合長は、ミートセンターにほとんど顔を出さず、外国産の豚肉の箱が積み上げられていても、誰も気に留めなかったという。事件発覚後に両者が調査した結果では、一九九六年から二〇〇一年の五年間で指定の豚は四七・九％にすぎず、五二・一％は市場や業者から仕入れた一般豚肉であり、そこには中国、台湾、カナダの外国産のものも含まれていた。

この事件は、東都生協側が、玉川農協が行ってきたことは詐欺的行為であるとして一億二〇〇〇万円の損害賠償を要求し、農協は非を認め、結局九〇〇〇万円を農協が支払うことで決着した。農協では賠償金の内六七〇〇万円を一六年前からの全役員が負担し、残りを農協の土地を売って賄った。

この事件の調査報告書（『東都生協豚肉問題検証委員会検証報告書』二〇〇二、三頁）は、事件の背景、原因を、ミートセンターの経営維持のみに目を奪われた管理体制、職員への産直の意識動機づけの欠如、監事監査の不徹底、内部牽制態勢の欠如などと指摘している。

その指摘は間違いではないが、本質的な原因は産直の取り組み方そのものにあったのではないかと考えられる。生協の共同購入方式は、事前予約が前提であり、欠品は原則として許されない。しかし農産物の生産は工業製品とは違い、季節天候などに大きく左右され、予約数量を確実に揃えることは簡単ではない。生協側で組合員が増えていけば、注文量も増えていく。ロースやひれ肉に注文が集中すれば、足りなくなる。量をバックに価格などで厳しい条件を付けられる。

しかし生産者側は注文が増えたからといって、すぐに対応することはきわめて難しい。玉川農協ではピーク時に八一戸あった養豚農家は事件発覚時にはわずか七戸にまで減っていた。不足分を八郷町農協の農家に委託していたが、それでも間に合わない。玉川農協と東都生協の間には、欠品が二五％を超えれば違約金を払う取り決めがあったようである。両者が定期的に話し合いを持ち、きめ細かな打ち合わせが必要であったと考えられる。その際には、生協側としては、生産者や圃場、栽培農法の把握、農薬使用、品質のチェックなどが必要になろう。よくあることだが、供給量と予約数量が違う場合にはどうするのかという基本的な話し合いがどうしてなされなかったのか、今ではわからないが、何事も無理は続かない。生協一本の統一メニューだけでなく、支部や班単位のローカルメニューがあってもいいのではないかと考える。

この事件の時に東都生協豚肉問題検証委員会の委員長だった中島紀一は、検証報告書で「産直の信頼関係を利用して、産直還元金を不正に取得した悪質な詐欺的事件であったと思われる。その背景には茨城玉川農協役員、歴代のミートセンター幹部職員らによってつくられた産直利権とでもいうべき構造があったようである」（同前）と指摘している。

道を間違えたことに気付いたときは原点に戻れ、という。協同組合の歴史をさかのぼれば、イギリスのロッチデール組合にたどりつく。産業革命後のイギリスの労働者の食生活は悲惨なものであった。パンや小麦には石灰など不純物が大量に混ぜられ、コーヒーやココアは泥から作られ、使い切った紅茶は回収され、乾燥し、色付けされ再利用される。店の秤もインチキで、実際よりも商品が重く表示されるように改造されていた。

こうした中で、イングランド北部にあるランカシャー地方の織物都市ロッチデールで二八人の労働者が小さな店を開いた。ロッチデール公正先駆者組合である。ここではロッチデール綱領を掲げ、それが現在の協同組合原則に展開していくが、その一つに「公正な商売の原則（純良な品質、正確な計量）」がある。組合の店は、インチキ商売が横行していた当時の小売業界に真っ向から対抗したのだった。今日の日本の協同組合が重視する「食の安全・安心」はここにルーツがある。当時の玉川農協の役員や担当者はこの原則を知っていたのだろうか。協同組合原則には教育・研修という原則もある。「協同組合は、組合員や選出された役員、管理職、従業員に対して教育や研修を実施し、それぞれが組合の発展に貢献できるようにします」（『新協同組合とは』協同組合経営研究所、一九九六、八六頁）というものである。玉川農協も東都生協もこのことを怠ってきたのではないか。

雪印食品の親会社である雪印乳業の創業者は茨城県常陸太田市出身の黒澤酉蔵であり、雪印乳業は産業組合としてスタートした。戦後に株式会社になり、協同組合が資本に転化した。だからといってその行為は許されるものではないが、黒澤の志はふみにじられてしまった。ましてや玉川農協は協同組合の一員であった。そこで一六年もの長い間偽装が行われていた。長い間不正を見抜けなかった東都生協にも問題がないわけではないが、産直にあぐらをかいた利権構造が玉川農協にあったという中島紀一の指摘は正しいといえよう。こだわりの強い生協産直の中核部分で顕在化したことを、「産直なのになぜ」と「産直だからこそ」という二つの視点で考えなおす必要があろう。理念と運動は必ずしも一致しない。

この事件のあと、同農協では組合長が辞任し、後任の役員が事件の処理にあたり、ミートセンター、惣菜工場、レンコン加工センター、集団豚舎などの施設を処分し、二〇〇六年二月に石岡市が本拠地の「ひたちの農協」に吸収された。この時、茨城県農協中央会から二億二〇〇〇万円の財務支援を受けている。同年に石岡地区広域営農団地のまとめ役だった石岡地区農協連合会も解散した。同農協のミルクプラントは、それより前の一九九三年に、県経済連が中心となり玉川農協も出資した茨城乳業株式会社に移管している。また、ひたちの農協は二〇一五年二月に隣接の美野里町農協と常陸小川農協と合併し、現在は「新ひたちの農協」になっている。

山口一門は後に、私に「レンコン加工センターを二億円かけて作り、一度も黒字を出したことがない。これがなければ、生協への賠償金くらいでは玉川農協はパンクしなかった。いい加減な計画で事業をやったというのが致命的。堆肥センター、どじょう養殖施設、レンコン加工センターなどを、何をどうするのかという目的なしに、販路もないままぜいたくな施設を作ってしまった」と語っている。農協の運営、施設の建設を組合員の声、要求から始めるのではなく、トップの判断で決めてしまっていた。しかも、石岡地区の営農団地全体で取り組むのではなく、玉川農協がすべてを単独で進めてしまったのである。

一門は続けて、石岡地区広域営農団地について「農協の規模が大きくなることにはメリットとデメリットがある。大規模化より、事業の協同化の方が大切だと思う。しかし、農協の役員は三年で替わる。県連の役員になる者もいる。成績が上がると、『オレのところはオレがやったんだ』と考えるようになる。トップが変われば、前のいきさつはわからない。組合員は、貧乏していて自己完結できないときは農協を頼りにするが、農家が自立していくと自分だけでやりたくなる。農協は要らなくなる。最初は一緒に交渉したり、協同したりしていたが、それがだんだん少なくなっていった。管内の農協や全中の考え方も、営農団地よりも農協合併だという方向にだんだん変わっていった」と結んだ。石岡地区広域営農団地はまさに〝幻の営農団地〟で終わってしまった。

13　一門の農協論

農協の協同組合としての事業活動は、その行為の発生のプロセスからみても、農民の営農や生活の路線上に発生する。問題の解決、期待や願望の実現が自己完結では不十分であるか、不可能な部分を協同活動によって処理していこうとしたものが事業であり、当然すべての事業は、組合員の営農と生活の延長線上に仕組まれたものであるべきはずのものである（山口一門『農協と営農指導を考える――山口一門氏の講話』全国農業協同組合中央会、一九八〇、八頁）。

そもそも人間社会は一人では生きられない。私たちが生きている社会は、共同ないしは協同なしには成立しない社会である。新聞を読む。食事をする。電車に乗る。カネさえあればなんでもできる。なんでも買える。そう思っている人が多いが、カネも社会の約束事で、その約束が守られなければ、一万円札もただの紙切れにすぎない。

社会的分業という言葉があるが、私たちの暮らしは共同、協同が前提であり、その上でそれぞれが個々の領域を分担し、ときには競争もしながら生きている。ただ、普通には共同、協同は意識せずに、無意識に暮らしている。

しかし、競争の部分についても、協同することによって自分の目的をより早く、十分に達成することがある。同じ立場の人が集まって、政党や労働組合、財界団体、協議会などを作っている。農協や生協も組織原理は同じである。

農民の場合でも、自分たちのそれぞれの立場があり、農業生産に支えられているという共通の立場に立って組織したのが農協という組織なのである。

今も昔も、農民にはいつでも協同して解決しなければならない問題が山積している。TPPなど対外的な問題や、農産物価格、購入する生産資材や生活物資価格の高騰、税金、社会保障、医療など、「オレはオレだ。人の世話にはならない」では解決できないことが極めて多い。

しかし、わが国の農協組織は努力組織ではなく当然組織、と言われるように、生協とは違い、自分で意識しないままに組合員になっている。山口一門は次のように語る。

農協は不必要とは思わないが、自分で都合がいい時だけ利用し、それ以外の時には農協を使わなくともよい、そういう立場でありたいというのが農民の本音である。農民は自分でその都度農協を利用するかしないかを判断する自由を残している。これでは組織とはいえないが、組合員の実態はそういうものである。組合員は農協との関係、農協とのつながりについて、第三者的な判断で行動している（同前、二一〜三頁）。

茨城県玉川農協の組合員がすべてこう考えていたとは思えないが、一般には農協の組合員はこの程度にしか農協を見ていない。一門の批判は農協という組織の核心部分を突いている。そして、協同するということは実は大変な努力を要するものだという。一門は、農民はずるいとも言っていた。

協同のプロセスは意外に身近なものから発生する。個々の生活や営農の上に発生する具体的な問題の解決、期待や願望の実現を自己完結しようとするか、それとも個人の力では無理だから協同しようと考えるかによって分かれてくる。自分一人ではできなかったことが協同の力によってやれたという認識がなければ、だめだと思う（同前、二四頁）。

一門は「組合員は一人ひとり自己完結の度合いが違うから、農協に求める度合いも違う。共同販売が重要だと思うが、エネルギーがいる。立派な大きな柿ができて、自分で売った方が高く売れるのに、小さな青い柿を日なたで色付けしたものと一緒にされるのはいやだとつくづく思った」と語っていた。一門は、自分では柿を栽培していた。

本来、農民の生産活動の延長であった共同販売、消費活動の協同であった共同購買から出発した農協の販売事業、購買事業も、最近では農民の協同という性格が後退し、農協の請負活動になってしまっている。販売にしても購買にしても、農民の中から「農協を通じて売る」、「農協を通じて買う」という意識が消え、「農協へ売る」、「農協から買う」となってしまっているのである。したがって、農民から見て、農協は他の商店と同じ位置に立つことになって、経済活動の上で、農民と農協は対立的な意識の構成がなされてしまう（同前、一七〜一八頁）。

農協は請負組織という一門の表現こそが、今日の農協という組織の本質を表わしている。農産物の販売にあたっては、農協に出荷した場合と、自分で庭先や市場、直売所で売ったのとどちらが高いのか。肥料や農薬、農機具などを一般の商店やホームセンター、農機具店から買うのとどちらが安いのか、サービスはどちらがいいのか、それが組合員の判断基準となってしまっている。最近のホームセンターの繁栄と農協の資材センターや農機具センターの衰退を比べてみればよい。

最後に、晩年に一門から私が聞いた山口語録のいくつかを紹介する。

「大きくなれば強くなれるのはうそ」「大きな忘れ物をした農協」「不便な悪平等がいつまでも続く」「農協はその日暮らしの五十年」「隠居仕事の県連役員」「役に立たない農協から邪魔な農協へ」「大繁盛の葬式屋」「組合員になった覚えのない組合員」「協同はだれも好きではない」「地域地域というけれど、人間には個性がある」「産直は、生産者と消費者のだましっこ」「法律がなくとも農協は作れる」。

一つ一つが一門の長い体験からにじみ出た言葉である。

第六章　ユートピアの実現めざして――山口一門と田園都市

1　農民の生活と農協の役割

前節では、山口一門が舞台とした茨城県玉川農協で、農業生産の場で農家の所得を上げていく道のりをたどった。ここでは、一門が生活すなわち農家の暮らしをどう考え、どうしようとしたのかを「田園都市」をキーワードとして見ていく。テキストとしたのは『田園都市への模索』（茨城県農林水産部農政企画課、一九六七。『新しい村――田園都市』はその改訂版）、『実践的農協論』（現代企画社、一九六八）、『いま農協をどうするか――むらの仲間とともに』（家の光協会、一九八七）などである。まず、一門は「生活」をどう考えていたのか。そのさわりの部分を押さえておく。

澄みきった青空に輝く太陽。緑と土と空気。人間の生活に欠くことのできない最も大切な要素である。それが農村には豊かすぎるほど与えられている。それなのに若い人は村を去る。お嫁さんも喜んでは来ない。なぜだろう。簡単にいうならば、人間が住むのに良い条件よりも、もっともっと悪い条件が多いからではなかろうか。経済的な貧困、重労働、合理性のない古い習慣が多いこと。目に見えない人間関係の複雑さ、文化施設もない精神生活の空しさ。これらがからみ合っての生活環境は、決して快適ではなく、あきらめきった年寄はいざ知らず、若い生命力にみなぎっている人々には耐え難い場所である（前掲『田園都市への模索』茨城県、一九六七、一一頁）。

農村というのは、農業を営んで人間生活を送ろうという人たちの住んでいる場所である。（しかし）現在の農村社会は、けっして住みよいものだとはいえない点がある。その農村社会の住みにくさは一体どこからきているのか。この住みにくさを排除していくこと、農村から住みにくい要素を追い出していくこと、これが、とりもなおさず農村の行政の目的であり、同時に農協の事業活動、機能でなければならないし、青年団や婦人会などの文化活動であるはずだ（前掲『実践的農協論』一一二～一一四頁）。

この農村の住みにくさを大きく分けると、一つは経済的な貧困、つまり貧乏の問題であり、二つにその貧乏との関連で余儀なくされている重労働である。もう一つ、古いしきたり、人間関係を中心とする古い生活のルールがある。そしてこの貧乏と重労働と封建遺制は、それぞれ並列して農村のなかに存在しているのではなく、からみあって存在している（同前、一一四頁）。

このような農村を、いったいどうやって改造していくのか。このことは、当然のこととして、農業生産と生活との密接な関連を忘れてはならない。（農村の）生活改善運動が、とかくかまどや台所やふろ場の問題として終わってしまい、それ以上の発展をしないのは、生産関係、生産のしくみがどのようになっているか、そしてその生産のしくみのうえに現在の嫌われている農村生活がどうのっかっているか、というとらえ方をしていないためだ（同前、一一四頁）。

貧乏と重労働と古いしきたりがからみあった農村社会は住みにくい。貧乏だけ、重労働だけと切り離せる要因ではない。経済的な貧困があるからこそ、古いしきたりを解消することを困難にしているし、重労働からも逃れられなくなっている。かといって、金さえあれば農村社会はほんとうに都会よりもっと住みよいかといえば、必ずしもそうではない、そういった要因のからみあった住みにくさだと考える（同前、一一五頁）。

住みにくい環境を変えていくにはどうすればよいのだろうか。それを考える場合、目に見える環境と、目に見えない環境がある。目に見える環境というのは、個々の農家の住宅の問題、あるいは農業経営の不安定の問題、あるいは農村には文化施設がほとんどない、娯楽施設もないといった生活上必要な個人的なあるいは社会的な物的な施設が非常に貧困だということである。目に見えない環境というのは、とりもなおさず人間関係を中心とする農村社会の古いしきたりである（同前、一一六頁）。

では、農業協同組合が組合員の生活の問題にどう取り組むか、農民生活のなかで農協はどういう役割を持つのか。

ここで一番重要なことは、現在の農家の生活を規定している生産関係がどのようなものであるかということである。忘れてならないのは、家族労作経営のうえに、零細農が維持されてきたということだ。家族労作と零細経営とを、どのように脱皮していくか、そのなかで生活を新しく組み立てるにはどうするか、ということが問題である（同前、一九六八、一一八～一一九頁）。

現在の農家生活を、ほんとうに人間としての解放という方向で考えるならば、農業生産の場と農民の生活の場をどこで切り離すかという問題が出てくる。人間が生きるということは、具体的には生活するということであり、生活とは住居の問題、衣服の問題、あるいは食糧の問題がどういうかたちで行われているかということである。これが生きることの具体的な姿だ（同前、一一九～一二〇頁）。

農家が農業生産を分離したかたちで日常の衣食住つまり生活をどう組み立てるか。住居一つをとってみても、農家の住宅は農作業の場であり、部落や村の集会、冠婚葬祭の場でもあった。また家族という人間の集団生活の場であり、同時に人間個人の住む場でもあった。現在では、家族の集団として、個人の生活の場として、このままでは若い人に納得できるものではない。この改善は、個々の農家で解決できるのかというと、けっしてそうではない。農村の生活は、個人個人では完結しないものがたくさんある。農村の住宅構造は、農業生産そのものから受ける影響、隣近所との集団生活から受ける影響などをぬきにしては考えられない（同前、一二〇頁）。

農協がどうしても取り上げなければならないのは、地域社会全体の生活の調度類、人間の住む場所として生活に必要なものの整備の問題である。農協は、地域の農業計画をたてると同様の程度をもって、積極的に自分の農協管内の生活環境をどうととのえるのかという、具体的、長期的な計画をもつことである（同前、一二二～一二三頁）。

私が知っている範囲で言えば、農家の暮らしは、戦後もしばらくは一門が書いたような状況であった。おしなべて貧しく、「星を載いて出で、星を載いて帰る」という言葉のように皆朝早くから夜暗くなるまで働き、周りはじめじめした暗い農村。クモの糸が張りめぐらされたような集落と人間関係。時代は遡るが、長塚節の小説『土』の世界がそれである。誰しも、こんな社会から逃げ出したいと思っていた。

一門はこれを書いてから約二〇年後に、生活とは何か、人間の暮らし方と農協の取り組み方について改めて次のように書いている。きわめてわかりやすい。

生活とは何か。それは人生そのものである。人間の生活とは、朝起きてからメシを食い、一日中働いて夜を迎え、次の朝起きるまでのすべてであり、その在り方を言う。かつての農民の人生を考えると、それは生産に埋没した人生であって、生活というより、むしろ棲息とでもいうべきものであった。生存しているということと生活とは明らかに違う（前掲『いま農協をどうするか』一七三～一七四頁）。

生活とは個人レベルのものであるが、人間は集団社会を形成して生きている。したがって、個人的な条件と社会的条件が相互に影響し合って、個人の生活が決まっていくことになる。個人的生活も、かつての戦争のように、社会的条件によって左右される。私と同世代では、この戦争のために大きく人生が狂ってしまった人が多かった。自分の意思ではなく、何百万人もの若い人たちが尊い命を捨てていったのだ（同前、一七五頁）。

農協が組織的、集団的に個人の生活に関与するのは、個人の生活すべてではない。社会生活のすべてでもないのである。個人の生活の中では、自分だけではどうにもならない自己完結不可能な部分、あるいは完結不十分な部分がある。また、社会生活の中にも、集中的に協同しないと解決不可能、あるいは解決が困難な部分がある。それらを、組織的、集団的に協同して充足しようとするのが生活協同運動である。集落の環境整備を例にとってみれば、その集落の全住民が協同しなければ、解決は不可能なのである。したがって、農協の生活協同活動が取り組まなければならない課題はひじょうに多面的なものになるのは当然である（同前、一八一～一八二頁）。

農村では、現在でもオレはオレの考え方だけで人生を生きることがひじょうに難しい。農村社会は、個の確立と協同という近代的協同の社会になっていない。その妨げになっているものを、協同の力で排除し、新しい農村社会の成立を図らなければならない。新しい農村社会の原則は、学問があろうとなかろうと、財産があろうとなかろうと、かつて地主であろうと小作人であろうと、それらの古い衣をいっさい脱ぎ捨てることであり、個性の尊厳と平等という原則のうえにたって集落社会が築かれることである（同前、一八五頁）。

一門のこの文を読むと、農民の人間宣言であり、農協が本来取り組むべき姿勢を示しているものだと考えられる。農協の組織では、一門の想いは一九七〇年の「生活基本構想——農村生活の課題と農協の対策」に結実する。

では、玉川農協は組合員の生活に関してどう取り組んできたのだろうか。

同農協の総会資料には、一九五一年の第四回総会に「教育文化事業」が初めて出てくる。「農業協同組合は、農民の経済的社会的文化的地位を高めることを目的とする大衆団体であり、同時に、農協が真に破滅に瀕しつつある農業を防衛し、農民生活を維持してゆく活動をするためには、組合員各位の意識的協力がなくてはならないし、そのことのみが農民を守り、農協を盛り立て得る。この意味から、農協運動は大衆運動として把握されなくてはならない。(農協は)封建的意識をあらためることと封建的遺制を具体的に改善してゆく生活合理化運動をとりあげる」。その事業としては、部落懇談会の開催、映画会、幻灯会等の娯楽会の実施、冠婚葬祭の合理化、洋裁講習会の開催が挙げられている。

この時点では、農協の主要な活動は生産面であり、それで精一杯であり、生活活動まで手が回らなかったと言える。その後も、見るべき活動が具体化された形跡はなく、やっと一九六四年の総会資料に「便所、下水、台所、カヤ屋根の改造をすすめる。盆栽クラブなどのクラブ活動を強化する」という文言が入ってきた。

当時の畜産には、糞尿処理、悪臭、ハエなどの問題がつきものであった。養豚、養鶏、酪農の飼育農家が増え、規模が拡大すると、生活環境はどんどん悪化していった。一九六三年には、ハエの発生がひどくなり、農協でカーペットスプレーヤーを購入し、村の祭の前に全戸の消毒を行うということまで起きた（『玉川農協四十年史』一〇五頁）。

この悩みの解決を模索するなかで、一門の言う「生産と生活の場の分離」が具体化していった。住居の周辺から家畜を分離する。それが「豚のアパート」となったのである。

自然と人間、人間と人間の交流を図るために、六三年に盆栽クラブが誕生した。盆栽が好きな組合員が農協事務所で松枝の剪定の仕方などを学び、好評であった。

農協が生活活動に本腰を入れるようになったのは、一門が県農協中央会の副会長になってからのことである。一九七〇年ごろから、集落にある子安講を母体として生活クラブが作られ、七二年に玉川農協生活クラブ連絡協議会が発足した。農協婦人部としなかったのは、農協の下請け機関とせずに、婦人自らの組織として自立していくために、という意図からであった。

生活クラブは、消費の安全性などの学習と運動、健康診断、市場・工場などの見学研修、料理講習、共同購入、冠婚葬祭改善のための話し合い、ダンス、コーラス、手芸などのサークル活動など多彩な活動を展開していった。

2　農協の「生活基本構想」

日本の農協は一九六七年の「農業基本構想」に続いて七〇年に「生活基本構想」を樹立した。農業基本構想は、農協が国の農基法農政に対抗する形で、営農団地の造成を核に、高能率・高所得農業を建設することをめざすものであった。この中でも、農協が単に農業の近代化を図るだけでなく、組合員の生活の防衛・向上を果たすべきとうたわれた。しかし現実には、全国では農協の生活活動への取り組みは、おしなべて玉川農協と同様にきわめて不十分だったと言える。

全中は、生活活動の拡充強化を求める農協内の声に応えるために、一九六九年に「農村生活基本構想委員会」を立ち上げ、翌年の全国農協大会での生活基本構想の決議となった。

生活基本構想の正式名称は「農村生活の課題と農協の対策」だが、「はじめに」で、「個人個人の力だけで、われわれの生活をまもり高めていくことは困難である。農協は、本来、公正と平等を基礎に、組合員が互いに助けあって、自らの生産と生活の安定・向上をはかる組織である。人間性を喪失させる恐れのある経済社会の変化のなかにあって、農協は、人間が、人間らしい生活をしていくための運動の中核体となり、人間連帯にもとづく新しい地域社会の建設をめざして運動していかなければならない」（全国農業協同組合中央会『生活基本構想』一九七〇）と宣言している。基本構想は、農村生活の現状・変化の方向と課題、農協の果たすべき役割と対策、生活活動展開のための体制確立と活動推進の三章から成る。

農協はしばしば、計画を立てても実行せず、反省もしない組織だと言われてきた。しかしこの生活基本構想では、これまでの農協の事業や運動に対して次のように厳しく述べている。

組合員の意思にもとづく企画、活動への参加がうすく、役職員が組合員を顧客としてとらえたり、組合員が農協を他企業と同列視したり、あるいは連合会が農協を事業推進の対象としてのみとらえるのでは、それは農協運動としての実体をそなえているとはいえないだろう。また構成員の間の人間的つながりがうすく、事務的に実務を処理したり、構成員自ら、決定したことを構成員自ら実行していくきびしさが不十分なことも反省されなければならない（前掲『生活基本構想』一九七〇、一一頁）。

その反省に立って、基本構想は民主的運営の徹底、経営能率の向上、質的向上の目標設定、生活活動の積極的展開などを提案している。基本構想が示したこのくだりは、現在でもまったく色あせていない。というより、その後の広域合併によって、農協役職員と組合員との距離はさらに広がっている。旧町村で支所、支店すらない農協が現実に存在する。郵便局よりもっとひどいという声を聞いている。

ここでは、生活基本構想の内容を詳述することは避けるが、農協が、組合員の生活の防衛・向上機能を発揮すべきだとし、さらに新しい農村地域社会建設に取り組むべきだとしているのは、長い農協運動の中で特筆すべきことだと考えている。

農協が生活基本構想を樹立した一九七〇年代に、農協の今後の展開方向をめぐって研究者の間で「地域協同組合論争」が行われた。農村の都市化、混住化が進む中で、農協は職業を問わず、広く地域住民を農協に加入させ、地域ぐるみの協同組合として発展させていくべきだという荷見《はすみ》武敬《たけよし》、鈴木博、三輪昌男らの「地域協同組合論」者と、農協は農民・農業者の職能集団であって、無原則的に地域住民の加入を認めるべきではないという佐伯尚美らの「農協（組織）純化論」者との論争である。

「地域協同組合論」の代表的な論者の荷見は、「協同組合の最大の存在意義は、経済団体としての役割――経済的弱者が共通の経済的利益を追求するための結合――にあるのではない。現行農協法第一条にある『農業生産力の増進』『国民経済の発達』を主目的に存在しているのでもない。それらは、従たる目的であり、主目的の達成に伴って付随的にもたらされる結果にすぎない」と述べる。そして「物質的・経済的利便は、人間の生活要求の重要・不可欠な一環ではあるが、人間が必要とする福祉（幸福）を総体としてとらえると、その一部分でしかなく、健康とか精神的平安・自由・生きがいといった人間の究極的生活目標実現のための手段の一つでしかない」と指摘している（荷見武敬『協同組合学ノート』一九九二、家の光協会、二一〇〜二一一頁）。荷見らの主張は一門の考え方とほぼイコールである。

これに対して佐伯は「農協は農民の一般的な結合体でもなければ、ましてや単なる助け合いの組織でもない。経済事業の遂行という形態を通じて実現されるところに農協の農協たるゆえんがある」（佐伯尚美『新しい農協論』一九七二、家の光協会、一四頁）、農協はあくまでも農業者中心の組織を堅持すべきであり、これを逸脱するものは他種協同組合に転換すべき、と地域組合論を批判した。

戦後に制定された農協法は、戦前の産業組合法と違い、正組合員資格を「農民」に限定し、その要件を充たさない者を「准組合員」としてきた。准組合員は事業利用が可能だが、基本的な運営参加権が認められていない。しかし一九七〇年代には都市化の進展に伴い、准組合員が増大し、今日では都市部の農協では圧倒的に准組合員が多数を占めている。財界や農水省から「准組合員問題」が提起されているゆえんであり、農協は「農業」協同組合であるという主張となっている。

この地域組合論争は、理論的に黒白が決着するというものではなかったが、今日の評価としては、生活基本構想は当時の農協が進むべき道として、農民の職能組合としてではなく、地域総合農協としての性格を強く持たざるを得ないということを明らかにした、と言えよう。

山口一門がこの全中の生活基本構想づくりにどう関わったのかはつまびらかではないが、「新しい農村地域社会建設」に農協が積極的に取り組むべきだという基本構想の思想は、一門の田園都市づくりに共通する糸だと思えてならない。

基本構想は、新しい農村地域社会建設への取り組みの必要性について次のように言っている。

　村落共同体がくずれるとともに、農村地域における人々の人間的なつながりがなくなってきているが、今後の社会を考えると、自己の生活をよくしていくには、個人の力のみでは達成できない公害・危険がふえて生活環境悪化があるとき、あるいは物価の恒常的な上昇があるとき、この解決は、地域に住む人々が、ともに力をあわせて生活を守り、高めていこうという活動がないことには、みずからの生活もよくならない。そこで農協は、これまでも地域における経済的・社会的中核体であった歴史的な実績をふまえて、新しい農村地域社会建設の核となって運動を展開しようというわけである（前掲『生活基本構想』一五頁）。

農協が、急激な都市化の進展から組合員の土地や暮らしを守っていくという宣言であった。具体的には、組合員の資産管理、宅地やアパートの供給などで、農協が不動産屋化したというところもあった。

基本構想の中に、新しい農村地域社会建設を盛り込んだのには伏線がある。

高度経済成長は、大都市圏への人口集中を招き、都市近郊でスプロール現象を引き起こしていった。それに対して全中は、協同して都市農業を守り育て、良好な環境の住宅地を供給し、住みよい地域社会の建設を進めようと一九六九年に農住都市建設協会を発足させていた。

農住都市構想のモデルといわれた広島県安佐町農協はコープタウンあさひが丘を建設し、その剰余金で町民センターを建て、地域社会の文化活動の中心となり、新住民も協同活動に参画していった。しかし、同農協はその後一五〇億円の債務超過となり、経営破たんし、一九九八年に広島市農協に吸収合併されてしまった。

では、県や農協の現場でこの生活基本構想をどうとらえたのか。玉川農協では生活クラブの組織化が始まった年だが、『茨城玉川農協四十年史』には生活基本構想のことは一切触れられていない。一門が玉川農協の役職員にこの生活基本構想をどう語ったのかはわからないが、私は「一門さん、玉川農協ではどうしたの」と聞いてみたかった。

それだけではない。『茨城県農業協同組合史』第二巻は、一門が県農協中央会副会長を務めていた一九七〇年の事業などを詳述しているが、生活基本構想のことは一切触れていない。「生活事業」

（生活活動ではない）についてわずか二三行の記載があるだけである。さらに年表にも、この構想を決議した農協大会が開かれたことすら記述されていない。米価要求全国大会、農協婦人大会や農協青年大会などが開かれたことは記載されているのに。

農協の現場では、「東京で何を決めても関係ないや」と「笛吹けど踊らず」だったのか、それとも生活基本構想の格調が高すぎたのか。当時を振り返ってみると、私にはそのどちらも当てはまっていたと思える。

一門は後に次のように書いている。

そもそも、農協の生活協同運動は、農協の経営基盤が大きく変化し、専業農家が減少してきた結果、専業農家だけを相手にしていては農協の経営が成り立たないという契機で浮上してきた。（農協）系統としては昭和四五（一九七〇）年に「農協生活基本構想」を出し、五四年に「生活活動基本方策」となり、次いで六〇年に「基本方針」というかたちで全国的に統一された。しかし、この一連の動きをみると、もっとも雄大でもっとも立派な構想は、最初の「基本構想」だけであった。年を経るにしたがって後退した感が強く、最近の「基本方針」に至っては、農家の生活というよりも、農協の事業拡大のために農家に働きかけ、いかに農協事業と結びつけるかということに最重点が置かれている。農家がかかえる諸問題を、協同の力で解決するという基本的な方向をもっていないのである（前掲『いま農協をどうするか――むらの仲間とともに』一七二～一七三頁）。

農協現場では、経営トップや担当者の多くの考えは「生活活動」を展開するのではなく、「生活事業」すなわち生活資材の供給を増やすことにねらいがあったと思える。

私も長いこと各方面に生活基本構想の復権を訴えてきたが、暖簾に腕押し、仕事の面では賽の河原の石積みで終わってしまっている。さらに現在では、農水省の指導方針により、農協の生活活動は、部門別損益計算によって赤字部門は撤退か縮小、ということに整理されてしまった。先の地域組合論争の視点では、「農協純化論」が勝ってしまい、農協の生活活動は、お荷物ないしは添え物としかとらえられなくなってしまっている。元の木阿弥なのであろうか。

3　ハワードの「田園都市」

人は、田園都市という言葉から何を思い浮かべるだろうか。「豊かな自然環境に恵まれた都市」が一般的な意味である。人によっては、東急東横線にある「田園調布」駅を思いつくかもしれない。

二〇世紀の初頭に、新時代の先ぶれを告げる、二つの偉大な発明が現われた。一つはライト兄弟による飛行機の発明（一九〇三年初乗りに成功）であり、もう一つはハワードによる田園都市の発明である。前者は人間に空中を制覇する翼を与え、後者は人間に地上の楽園を約束した。これは、エベネザー・ハワード（一八五〇〜一九二八）の『明日の田園都市』の一九四六年版に寄せたルイス・マンフォードの序文のなかの讃辞である。ハワードが「発明」したといわれる田園都市の最初の提案は、『明日——真の改革への平和な道』（『明日の田園都市』長素連訳、鹿島研究所出版会、一九六八）という書名で、一八九八（明治三一）年にイギリスで刊行された。

当時のイギリスは産業革命が進行し、雇用の場である都市に人口が集中し、人々は自然から隔離され、遠距離通勤や高い家賃、失業、環境の悪化に苦しんでいた。この救済策として都市改革、土地改革問題が議論され、政府はロンドン市内での労働者住宅の建設に乗り出し、住宅の衛生水準向上のために住居法を制定するなどしていた。議会の速記者を職業としていたハワードはこれを憂いた。そして「（田園都市は）都市と農村の結婚であり、農村にある心身の健康と活動性と、都市の知識と都市の技術的な便益と都市の政治的協同との結婚であり、その手段が田園都市」（序文）だとし、『明日』を出版した。ハワードの提案は、人口三万人程度、面積は二四〇〇ヘクタールの限定された規模の、自然と共生し、自立した職住接近型の緑豊かな都市を建設しようとする構想である。そこでは、住宅には庭があり、近くに公園や森もあり、周囲は二〇〇〇ヘクタールの農地に囲まれている。約四〇〇ヘクタールある市街地の中心には円形広場、劇場、美術館、図書館、音楽堂、市役所などの公共施設が置かれる。すべての土地はコミュニティの共同所有地とし、不動産は賃貸し、その賃貸料で建設資金を償還するので、都市発展による地価上昇利益が土地所有者によって私有化されず、町全体のために役立てられる。

この構想にはすぐに熱心な共鳴者が現れ、翌一八九九年には田園都市理念を社会に広めていくための運動母体として「田園都市協会」が設立された。一九〇三年には田園都市建設の事業主体として第一田園都市株式会社が設立され、ロンドンの北郊レッチワースで初の田園都市建設が始められた。ハワードは政府の力を借りず、全くの住民運動によって、ほぼ一五年で「地上の楽園」の建設に成功し、一九一八年には第二の田園都市ウェルウィン・ガーデン・シティの建設が始められた。

ハワードは、「二つの田園（ガーデン）のなかにある都市」を意味するものとして「田園都市」という言葉を選んだ。そして一九一九年に、田園都市・都市計画協会は「田園都市」を次のように定義した。「〈田園都市〉は健康的な生活と産業のために設計された町である。その規模は社会生活を十二分に営むことができる大きさであるが、しかし大きすぎることなく、村落地帯で取り囲まれ、その土地はすべて公的所有であるか、もしくはコミュニティに委託されるものである」（前掲『明日の田園都市』三九〜四〇頁）。

ハワードの田園都市は、その地域社会の内部で職・住・楽を一体として保障する独立のコミュニティであり、地域主義をめざしたものであった。すべての住民は、農・工・商・サービス業のいずれかに職業を保障されるとともに、家庭生活を楽しむ住宅環境の整備、都市生活の楽しみと田園生活の楽しみを兼ねた社会サービス施設およびレクリレーション施設を完備することが基本理念となっている。

ハワードは『明日』の中で、「田園都市は夢の多いユートピアである。夢のないところに、新しいコミュニティを築く住民運動は育たない。田園都市の理念は、自然と社会、環境と人間、都市と農村との関係を全く一変させる『真の改革』への挑戦であり、その道のりは今日から明日への『平和な道』である」(『茨城県農業史料　田園都市編』茨城県農業史研究会、一九七九、一四頁)と説いている。

ハワードによる田園都市の提案は世界各地の建築家や都市計画家に影響を与えた。ワイマール共和国時代のドイツやアメリカ、地元のイギリスなどで田園都市構想によって住宅開発計画が進められていった。

4　日本の田園都市

わが国にハワードの田園都市を最初に紹介したのは農学博士の横井時敬《ときよし》だ、と櫻井武雄は述べている(『茨城県農業史料　田園都市編』解説)。横井は一九〇六年の『讀賣新聞』に「田舎と都市の調和」を書いている。櫻井は、次いでマルクス経済学の草分けであった河上肇をあげている。河上は一九〇八年に『日本経済新誌』に「都会に於ける人口集中の弊害を論じて田園生活の鼓吹の必要に及ぶ」を発表し、花園都市建設論を主張した。いずれも、「田園に帰れ」という農本主義の立場からである。

同年に内務省地方局有志が『田園都市』(博文館、一九〇七)を発行した(同書は一九八〇年に『田園都市と日本人』というタイトルで講談社から復刻されている。ハワードの著作『明日』の翻訳書ではない)。当時の内務大臣は、産業組合法の成立に寄与した平田東助であった。同書は菊判、三八〇頁の大冊であり、田園都市の理想、田園都市の範例、田園生活の趣味、住居家庭の斉善、保健事業の要義、国民勤労の気風、矯風節酒の施設、閒時利導の設備、協同推譲の精神、共同組合の活用、都市農村の民育、救貧防貧の事業、我邦田園生活の精神（上・中・下）の一五章から成る。

この『田園都市』の最後の三章には、「我邦」における「田園都市」「花園農村」の事例が紹介され、わが国の田園生活の状況を論じている。茨城県内の事例としては、「烈公（徳川斉昭）の農人形と農民に対する同情」「西山における義公（徳川光圀）と農民の引見」「太田町（現常陸太田市）における銀行業者の篤志」の三例が挙げられている。

内務省有志は地方改良事業（地方改良運動）を地主の町村長に期待した。日本は日露戦争に勝ったが、戦争は、国民に徴兵と増税という大きな負担を強いた。日露の戦後になっても、経済、財政から教育の場に至るまで国民に深刻な影響を及ぼした。特に、多くの町村の財政は困難をきわめ、財政的危機は人々の肩に深く食い込んでいた。町村税の滞納者が増え、農地を手放す人が多く出た。この時期がわが国の地主制の確立期と言われている。この地方改良事業の資料にするために『田園都市』は編まれた。同書の力点は都市ではなく、田園すなわち農村であった。しかし現実には、農村部でハワードの理念が活かされることはなかった。

この「田園都市」という言葉を、企業の経営に利用したのが電鉄資本であった。大正中期以降、電鉄会社は路線を郊外に延ばしていったが、先鞭をつけたのが渋沢栄一で、関東大震災後の一九一八年に理想的な住宅地「田園都市」の開発を目的とした田園都市株式会社を設立し、ハワードの設計にまねて東急東横線沿線に田園調布を造った。関西では、小林一三の箕面有馬電気鉄道（現阪急電鉄）が大阪府池田駅の西側に室町地区の開発を行った。その後電鉄会社は競って不動産事業に乗り出し、東横線・目蒲線の田園調布と類似した住宅都市を建設していった。しかし、不動産の賃貸を主とし、職と住の一体や、自給自足を指向していたハワードの田園都市に対して、日本のそれはニュータウンと同様、ベッドタウンとして開発されることが多く、先に触れたハワードの田園都市という定義からまったくかけ離れたものであった。

ハワードが説いた「田園都市」が日本に伝わる以前に、わが国にユートピアの実現をめざしたむらづくり運動がなかったのか。そんなことはない。先駆者たちが苦労した歴史的な先例がある。

わが国の協同組合の元祖として知られる二宮尊徳（金次郎、一七八七〜一八五六）は小田原在の貧農の出であったが、小田原藩に召し抱えられ、五常講（連帯保証制度を基調とする一種の共同信用組織）を創設し、報徳社を起こした。当時の荒廃した農村の復興開発の方法として報徳仕法を編み出し、至誠、勤労、分度、推譲を根幹とし、小田原藩内や下野国桜町（現栃木県真岡市）、常陸国青木村（現茨城県桜川市）、陸奥国相馬中村藩、日光山領などで村づくりを進めていった。尊徳の村づくり計画は、荒地開発仕法（生産と生活基盤の整備）、借財返済仕法（徴税の緩和と低利融資）、永安仕法（神社の復興と報徳善種金の蓄積）の三つの仕法から成っていた。報徳仕法によって実施された事業は、遠く駿河、遠州にまで及び、六〇〇余村に達した。尊徳は、農村復興の第一着手を住宅改善から始めている。

尊徳とほぼ同じ時期に、やはり協同組合の元祖である大原幽学（一七九七〜一八五八）は千葉県長部村（現旭市）で先祖株組合を創設し、農業生産の組織から農家生活全般におよぶ壮大な農村計画を樹立した。土地の交換分合に基づく住居の移転と耕地整理を行い、先祖伝来の密居集落を、ばらばらに家が建つ散居集落へと編成替えを行った。また、幽学は水田の二毛作や苗の正条植えなど農業技術の指導を行った。さらに農村生活の改革にも乗り出し、農具、日用品の共同購入、共同作業、冠婚葬祭の改善、分相応の生活樹立の指導、住居の改善など個々の農家の生活にまで気を配った。農家住宅の設計には若夫婦の部屋まで配慮されていた。村人の生活の交流の場として、集落の中央の小高い丘の上に公園と集会所も設けられていた。公園には、四季折々に集落の老若男女が寄り合って楽しむ広場までつくられていた。

尊徳と幽学は、江戸時代における村づくり運動の先駆者と言えるであろう。

明治期には、富山県下新川郡大家庄村（現朝日町）舟川新の集落改造事業が知られている。富山県砺波地方は散居集落が多い地域として知られているが、舟川新は散居集落を解体して、幹線道路沿いに住宅と屋敷の移転を進め、生活空間と生産の場を分離するというものであった。幽学の進めた密居から散居集落へという方法とは逆の形であった。

この事業の中心になったのは、村一番の地主の家に生まれた藤井十三郎という若い青年であった。事業を始めた時藤井は二三歳の若さであった。集落の中心を起点として、南北に通じる幹線道路と水路を新設し、年次計画を立てて住居を移転し、一八九八年から一九〇六年の九年で全工事が完了した。しかし、この事業の中心となった藤井は一九一二年に亡くなり、藤井家も没落、廃家となった。

同じ明治後期に、理想の村づくり構想を抱いていた秋田県仙北郡千屋村（現美郷町）の大地主の坂本理一郎（県議、衆議院議員、貴族院議員）は、村の中央の原野四〇ヘクタールを一大公園にし、村役場、学校、郵便局、公会堂などの公共施設をここに集中させ、ここから村内に通じる幅五～六メートルの幹線道路を放射状に新設するなどの田園都市計画をたて、これを実現させた。坂本はこの他、農会長として耕地整理と乾田馬耕の普及に努めた。

5　茨城の田園都市運動のきっかけ

茨城県における田園都市運動のきっかけはきわめて単純なことであった。一九五九年に、県北の那珂郡瓜連町長や農協組合長を務めた岩上二郎（一九一三～八九）が農協の政治組織として作られた興農政治連盟や革新団体などの支持を受けて、現職の友末洋治を大差で破り、県知事に当選した。岩上は、彼以前と以後の茨城県知事がすべて「中央官僚」出身であったのに対して、唯一その経験をしていない知事であった。最初の選挙では「四選阻止は天の声」を旗印にしたが、結果として彼は四期にわたって知事を務め、その後参議院議員に転じた。「後進県からの脱却」と「農工両全」をスローガンに、鹿島開発や筑波研究学園都市建設などを進めた。さらに徳川光圀の大日本史編さん事業にヒントを得て、茨城県史編さん事業を進め、県内の史・資料を発掘、収集、整理、保存するために文書館と博物館の機能を持った「歴史館」を作った。参議院議員のときは、議員立法による公文書館法制定に力を尽くした。

二期目の選挙のあと、岩上は同志の山口一門や櫻井武雄（当時茨城大学講師）にこう語った。

「農村の四つ角で街頭演説をしたときに、立派な役場や学校は建てられているが、その周辺の農村のたたずまいのあまりにもみじめな貧寒さ。それに、心もとないお年寄りの人たちのまばらな拍手に迎えられ、送られはしたが、若い人たちの姿はほとんど見受けない。たまたま土曜日に、田圃に立つ中年の人の姿を見ると、会社勤めの兼業農家であろうか、タバコをくわえてたどたどしく、テーラー（耕耘機）を移動するのに骨を折っている。このような農村の実情に接して、私はここに一つの力を与えなければならないと痛感した。この感動の中から〝田園都市〟の発想が、私の頭にひらめいた」（岩上二郎「田園都市十年史に寄せて」田園都市十年史編纂委員会編『田園都市十年史』茨城県田園都市協会、一九七五、八頁）。また岩上は、農業構造改善事業とは経済開発、生産対策の問題であって、農村の生活を全体として向上させようとする生活、部落の構造改善ではないとも言っている。

そして岩上は一門と櫻井に、農村の環境はもっと良くならないものかと提言した。櫻井は岩上に内務省地方局有志編『田園都市』を渡した。再選された岩上はこの『田園都市』を読み茨城県庁職員に対して、農民の前に人間そのものをとらえるような計画を農村に一つの方向として与える必要がある、と農村計画の必要性を説いた。農民に人並みの、人間らしい生活を保障するミニマムの環境条件を整備することが岩上の発想の出発点であり、一門や櫻井の考え方と共通していた。岩上は、県農林水産部に農村計画の具体化を指示し、この構想は動き出していった。

その後、茨城県では県庁内部での検討や一門、櫻井、鯉渕学園長の鞍田純との懇談会などを経て、構想を練り上げていった。当初の農村計画は「美しい村」づくりであったが、まもなく「田園都市」と呼び名が変わっていった。そして検討を進める中で、「田園都市とは、地区住民の自主的創造性にもとづいて、社会、生活および文化環境を総合的に整備し、希望に満ちた近代的な農村の建設をいう」（茨城県「昭和三十九年度田園都市建設促進対策要項」）という旗印が明確にされた。

田園都市の構想を練る段階で、数人の町村長に意見を聞くと、肯定的な反応が返ってきた。西村修一関城町長は、町独自の親子契約による農村の近代化を図っていたが、これとあわせて、総合的な村づくりを町全域で進めるべく、県に田園都市建設事務所の設置を要望した。関井仁石下町長は、土地改良事業とセットした集落集会施設の完備と全戸便所の水洗化を柱とした農村の生活環境整備計画を立案し、県の田園都市構想の早期事業化を要望した。野口一玉里村長は、戦後の農村民主化運動で村づくり計画を進めてきた経験から、田園都市計画はまず長期的なビジョンを描き、これを最終目的にして可能なところから事業を実施することが必要で、しっかりした計画を立てることに力を注ぐべきだと意見を述べた。

野口と同じ村にいた山口一門は、玉川農協で実践してきた共同養豚、集団豚舎の事例を踏まえ、一門がこれまで考えてきたことと、櫻井が発表してきた研究成果などを参考にしてまとめあげ、玉川地区田園都市計画の構想を発表した。この構想は、「同地区の低地に農地と混在し、しかも宅地養豚で環境が悪化しつつある農家住宅群を台地の環境のよい所に集団移転させ、低地には酪農、養豚、果樹などの生産団地を配置して、生産と生活の場を完全に分離する。冠婚葬祭も行える生活センターや公園墓地、子どもの広場、保育所など、社会・文化施設を設置する。曲がりくねった道路を整備し、街路樹を植える」（前掲『茨城玉川農協四十年史』一三二頁）など快適な農村を建設しようというものであった。一門の提起した構想、アイデアは、その後の事業化の中のメニューとなった。しかし、この構想を実現する手順や手法は具体的には示されなかった。

いずれも、町村行政や農協活動の第一線の責任者の、地域における切実な問題意識の中から生まれた発想であり、都市化、工業化による農村の荒廃を憂える農村の指導者には、田園都市構想は真剣に取り組む課題となりえたのであった。

6　田園都市の具体化

田園都市という岩上二郎の発想は新鮮であり、それだけに事業化は農林行政にとって未経験のものであった。農村の生活環境整備は多額の資金を要し、国の財政支援に頼らざるを得ないが、当時の制度では集落単位で総合的に事業を進めようとした場合に、活用できるものがなかった。池田内閣の時、自治大臣の早川崇は一九六三年に「新田園都市の構想」を発表したが、エドウィン・O・ライシャワー駐日アメリカ合衆国大使の負傷事件で辞任したため、この構想は日の目を見なかった。それからしばらくして、茨城県での田園都市づくりが進展していた一九七八年に首相に就任した大平正芳は「田園都市国家構想」を打ち出した。「都市の持つ高い生産性、良質な情報と民族の苗代ともいうべき田園の持つ豊かな自然、うるおいのある人間関係を結合させ、健康でゆとりある田園都市づくり」（一九七九年一月の国会施政方針演説）によって、本来の良さを活かしたかたちで地方を再生しようとしたものであった。この構想の参考になったのは内務省の『田園都市』だったのである。しかし大平が一九八〇年に急死したことから立ち消えになってしまった。

茨城県は那珂郡瓜連町と真壁郡関城町について調査し、事業費の概定を行い、櫻井に田園都市建設の意義、内容、推進方法等について調査を委託した。先にあげた大原幽学の千葉県長部村、富山県舟川新、秋田県千屋村などを見い出し、再評価した事例はその研究成果である。

一九六四年度には、玉里村、関城町、石下町の三町村をモデル地区に選定して、具体的な手法を探るために、全町村の区域にわたる基礎的な調査と田園都市建設構想の策定を行った。

研究、検討を進めていく中で、田園都市構想のねらいは、「従来の行政が進めてきた計画づくりではなく、農村における古い因習、生活慣行、前近代的な人間関係や農家住宅、集落の実体を改造することであり、集落を基礎とした住民生活の立場からの計画づくり」にある、ということがはっきりしてきた。岩上の構想が次第に明瞭になって、姿を見せはじめたのである。山口一門は、「農民には生活はなかった。そこにあったのは『棲息』でしかなかった。田園都市の目標、それは『棲息から生活へ』と発想の転換を農民にまきおこすことである」と書いている（『田園都市』第二号、一九七二年九月）。

翌一九六五年に県は田園都市建設促進対策要綱を策定し、櫻井、一門のほか、農業経済、土木、建築、都市工学の研究者や山名元らの農協建築研究会の実務者グループなどの協力を得て、田園都市の概念、田園都市計画の性格、田園都市計画の内容と進め方、推進主体、資金、集落構造改善の方向、家、屋敷改善の方向などをまとめていった。

この過程で、田園都市の概念は「田園都市は都市問題としてではなく、都市計画に対する村落計画あるいは農村計画として考えられるもので、農業生産に関する諸施策と同時に、農村の社会生活環境の整備・拡充、部落構造の改善、家・屋敷の改善などを含めた総合的な農村振興策として把握されるべきである」（岩上二郎「田園都市の構想について」小林啓治編『ユートピアの実現』茨城県田園都市協会、一九七四、四〇頁）とまとめられた。また「田園都市計画は、住民の主体的意志に基づき、住民自身の生活要求を十分反映するものでなければならないことに重要な意味を持つ。上からおろした画一的なものであってはならない」（同前）と、計画の策定から住民の考えを中心に据えることを打ち出した。

同じ六五年に、農業生産や生活の上で日常的に協力しあっている地域集団を対象として集落田園都市構想を策定することになり、関城町の花田、石下町の東野原、玉里村の下高崎の三集落が選定された。花田集落は、江戸時代末期に尊徳の指導を受けた所である。農村生活の基礎単位である集落にメスを入れ、そこから農村の生活構造改善の問題を摘出し、田園都市づくりの方向を探り当てようという試みであった。

三町村で始められた基礎調査と田園都市構想の策定作業を通じて、田園都市づくりの計画は、単に市町村単位の生活環境整備計画にとどまらないことが明らかにされていった。

7　茨城県の田園都市づくりの特徴

岩上二郎の発想から四年間、茨城県の担当者や櫻井武雄、山口一門らが模索した結果、一九六七年に県は田園都市建設促進対策要綱（六五年と同じタイトル）を策定し、県が施策として進める田園都市づくりの基本路線を明らかにした。

その内容は、田園都市づくりの拠点となるモデル集落を選定し、五年間を一事業年度とする、第一年次には地域を対象とする田園都市建設基本構想の樹立、第二年次にはモデル集落を対象とする建設事業実施計画の樹立、第三年次から第五年次まではその事業の実施、という手順でモデル集落の整備を図る、というものであった。事業実施後の第六年次には後期事業としてモデル集落の補完事業、他集落への波及事業が実施された。モデル集落の選定は、市町村長が知事と協議し、決めることとされた。

田園都市は、単なる事業ではなく、「農民の人間性回復をめざす運動」という側面を併せ持っているために、実施にあたっては、進めるうえで工夫がされている。

まず、事業推進の単位を集落とした。これを市町村とすると、総花的になり、住民の主体的参加が難しくなってしまう。集落のもつ自治機能に目を付け、住民自身が構想、計画、事業推進の主体となることをめざした。

建設資金は、基金を設けることにした。当時は、生産施設への国からの補助制度はあっても、生活環境整備事業への国からの助成、補助はほとんど期待できなかった。基金へのモデル集落の拠出は三年間で、一戸平均一万円以上、のちに二万円以上（実際には、事業内容によって二万円より大幅に増加している。補助率も事業ごとに違っている）とし、市町村費が当初は六〇〇万円、のちに九〇〇万円、県費が当初は一一〇〇万円、のちに一七〇〇万円の資金を拠出し、その資金を市町村の田園都市協会にプールし、事業を実施する三年間で、基金を取り崩しながら事業を進めることにした。

このねらいは、従来の補助事業とは根本的に異なり、住民自身が資金を出しあって進めていこうとする方向を明確にしておくことであった。

この事業を三年間の継続事業としたのは、財政的事情や住民の負担能力を考えたからではなく、三年間に住民の意識を変革し、より高次の合意形成を図っていくというねらいがあった。モデル集落には、市町村内で生活環境がもっとも悪い集落、交通が不便な集落、住民のまとまりのよい積極的な意欲のある集落などが選ばれたようである。

基金の対象となる事業は、農業生産環境改善施設（生産と生活の場の分離など施設配置の合理化を目的とした農業生産環境改善施設）、社会環境改善施設（道路整備、街路灯、共同墓地）、生活環境改善施設（田園都市センター、児童遊戯施設、公園、共同給水施設、家事共同化施設）、住宅環境改善施設（モデル農家住宅、住宅団地造成）とされた。

茨城県田園都市協会は一九七九年に事業の実績をまとめているが、それによると田園都市センターは事業を実施したすべての集落で建設されている。次いで多いのは道路整備、街路灯の設置、屋敷整備、墓地整備、共同給水、農地整備などである。

この事業の推進と、住民の自主的な運動を促進するための母体として、指定市町村ごとに社団法人田園都市協会を設置し、基金の管理運営と住民の啓発普及に当たらせることにした。行政ルートだけでは、自由、自主的な計画や事業の推進が妨げられることを考慮したからであった。一九七二年には茨城県田園都市協会が設立され、田園都市の啓発普及にあたることにした（後述）。

田園都市づくりの主体は集落の住民である。しかし、どこの市町村でも当初は、県や市町村の担当者の熱心な呼びかけにもかかわらず、田園都市の目的や趣旨に賛成しても、具体的な事業計画の話になると拒絶反応を示した。「もうかる話ならともかく、逆にカネを出さなくちゃなんねえ話なんどにうかつに乗れるか」「集落の環境整備のために、県やわが町はいくら補助金を出してくれるのか」等々の声である。

田園都市づくりのねらいは、住民の多くが考えていた生産第一主義から生活第一主義へ、個人個人の生活改善から集落全体の環境改善へ、補助金目当ての事業ではなく自分たちの計画づくりへ、ということであった。住民意識の厚い壁を破り、これを変えていく仕事は地道で困難なことであり、市町村の担当者や集落のリーダーがもっとも苦労したことだという。

一門や櫻井が協力して、予定集落での座談会を繰り返し行い、住民の考えも徐々に変わっていき、田園都市づくりの気運が高まっていった。田園都市づくりは精神運動ではなく、住民が参加し、住民の手で計画を作り、それを実行に移していくのだというやり方が、住民の考え方をだんだんに変えていき、重い腰を上げざさせていった。とりまとめをしていくそれぞれの地区のリーダーの役割も大事であったし、指定地区にはそういう人が必ず存在していた。

一門は計画づくりの段階で「農民の手で地域計画を」と、住民に次のように訴えた。

「自然と調和して存在する農業を営む農村こそ、将来人間の住むにふさわしいただひとつの場所であることを確認しなければならない。都会はもはや、人間の住むところではない。公害のうずまく人類の墓場である。農村の自然、緑と空気と水は農民の手で守らなければならない。われわれは、人間が主人公である社会を農村に確立しなければならない。歴史と伝統のある社会を受けついだ農民は、自分の手で農村計画をたてるべきだ」（山口一門「農民の手で地域計画を」前掲『ユートピアの実現』四三頁）。農民の自主・自立宣言と言うべきこの言葉から、私たちは一門の当時の田園都市にかける意気込みを感じ取ることができる。

一門は集落での座談会当時のことを、後に次のように述懐している。

寒風の吹き抜ける破れた小屋で、薪を燃やしながらの語り合い。『お前は県の提灯持ちか』と一杯ひっかけた村会議員にどなられたこと。『金を出すのは俺達だ。理想的なことを言うな』とかみつかれたこと。涙を流し、身を乗り出して話を聞いてくれた老婆のこと。等々、思い出は尽きないものである（「田園都市二五年の思い出」編集委員会編『田園都市二五年の思い出』茨城県田園都市協会、一九八九、三六頁）。

幾度もの座談会などを通して集落の計画が練られていく。当然のことだが、計画に盛り込まれる内容は、住民が毎日の生活で困っている問題が多く取り上げられている。集落内の曲がりくねった道路や上下水道の整備、道路をさえぎる屋敷の木障《こさ》払い、街路灯の設置、集会施設などである。その他に、農地の土地改良やハウス、畜舎、大型機械などの生産施設の要望という農業生産関係の要望も出てきている。

このような農業生産関係の計画は、田園都市事業としてではなく、生産面の施策として現行の補助・融資の制度を活用し、関連事業計画とすることとした。

集落内の住民の要望が限りなくある。それを限られた基金の枠内でもっとも効果的な計画を作らなければならない。三カ年の事業実施期間の間に計画の変更も少なくなかったが、それは住民のわがままからではなく、住民の考え方が事業の進行とともに前進したということであった。

一門の地元玉里村では、下玉里の平山集落（七六戸）が一九六七年にモデル集落に選定され、翌六八年度から七〇年度までの三カ年で事業が進められた。事業の内容は、集落内の村道舗装、街路灯、ロータリーの設置、屋敷と墓地の整備、モデル住宅の新築、田園都市センターの建設、共同作業所の設置などであった。総事業費は九二四八万円、一戸当たりの自己負担額は三万四二三〇円であった。

8　田園都市センターと集会料理

座談会では、生産施設とともに集会施設への要望が強かった。最初の頃は、どの集落でもこれまでの集会所や公民館の分館程度のものが計画された。櫻井武雄や山口一門らの数年間にわたる田園都市づくりの調査研究では、田園都市づくりの集落の中核となるのは集会施設であり、これを中心として家・屋敷の構造改善を実施し、集落のコミュニティセンターとしての役割を果たすものと考えられた。「田園都市センター」と名付けられ、田園都市運動の拠点になることが期待されていた。

したがって、どこの集落でも一番時間と労力をかけて検討された。老若男女を含めて各階層の住民から積極的な意見が出され、それをまとめて作られたのが田園都市の設置計画であった。当初は、単なる集会所として考えられていた田園都市センターであったが、老人や女性たちの意見や要望を取り入れて設計が検討される段階になると、集落のシンボルとしてふさわしいものを創ろうという機運になり、それが集落の田園都市計画を改めて見直すことにもなった。こうして、集落ぐるみで田園都市づくりの態勢が作られていった。

一般には、公民館やその分館、集会所は行政の担当者が主導し、集落の役員が意見を述べて、設計ができていく。しかし、田園都市センターはその手法とはまったく違い、完成までの住民の意識の変化と住民同士がまとまっていく過程がきわめて重要なことだと考えられた。

どこのセンターも、完成後の利用度は高く、結婚式や葬式など冠婚葬祭の場としても利用されるようになっていった。人生の通過儀礼でもっとも華やかな結婚式は、業者の派手な演出に踊らされ、虚礼虚飾に流され、農村では特にその傾向が強かった。櫻井は、一九六九年の全国消費実態調査結果をもとに、「茨城県は全国一の交際費むだ使い県」だと糾弾している。多くの人がばかばかしいと思いながら虚礼に見栄を張り、その習慣を改められなかったのを、むらづくり運動として始めたのが「田園都市婚礼」である。両家の披露宴ではなく、新婚の二人の門出を祝う会費制の祝賀会とし、祝宴の料理は女性たちが心をこめた手作りのものとした。

センターの竣工式も女性たちの手作り料理とした。最初に会費制による結婚を祝う会を始めたのは戦後に開拓してできた新治郡出島村（現かすみがうら市）新生集落で、集落の女性たちの手づくり料理で祝う会が開かれた。宴会料理を作るのは初めてだったので、県農業改良普及所の生活改良普及員の指導を受けた。彼女たちはその後レモングループを立ち上げ、日本農業実践大学校（東茨城郡内原町、現水戸市）の栄養科の指導を受け、各地でセンター竣工祝賀パーティや結婚披露パーティ料理の指導講習を行い、その方式が県内に普及していった。材料はほとんどがその地域の特産物や季節のものを使う。県北地域なら、コンニャク、ゴボウ、シイタケ、山菜、県南ならレンコン、カボチャ、クリ、柿、梨などのように。ごちそうとは、材料をあちこち走り回って集めて作るもの、という意味であるが、集会料理は文字通り「御馳走」である。こたつ板を銀紙で覆い、簡単に手を出せないくらい豪華な内容と盛り付けは作る人たちの心がこもっていて、どのような高級ホテルや料亭の料理よりも立派なものであった。料理のリハーサルには、竣工式に出席できない老人や子供たちが招かれる。

いくつかの集落では、田園都市葬が営まれた。新治郡八郷町（現石岡市）下青柳では、人生最後の儀式である葬儀を田園都市葬にした。これまでの当家が行う葬儀を集落葬（団体葬）にし、土葬から火葬に変え、斎場を田園都市センターとし、花輪を廃止し、生花一対とし、集落全体のお悔やみの行事に変えた。公園墓地に埋葬する。

岩上二郎や山口一門、櫻井武雄らが期待していた農村の生活慣行が画期的に変わっていったのである。田園都市センターが集会の場となることで、農家個々の住まいは人寄せをしないで済むようになり、農家の家庭生活の場に改められていった。

一九七四年に始まった水海道市（現常総市）五郎兵衛新田では、田園都市づくり一〇周年記念事業として八四年に『五郎兵衛新田のあゆみ』（A5判、三八一頁）を発刊した。この集落は同市の北西に位置し、文字通り江戸時代の享保年間（一七二八）に開拓が始められた新田集落であり、わずか四六戸しかない小集落である。この本の編集には、市立図書館や市役所職員の援助を受けながら集落の人たちがあたり、自然災害と闘い、土にしがみつき、暮らしと営農を守ってきた古老からの聞き取りをし、自力で集落の歴史を明らかにした。この本を編む過程で、開拓に取り組んだ先祖や今生きている明治、大正、昭和の激動の中を生き抜いてきた高齢者を大事にしようという気運が高まったという（谷見忍「自ら作った集落史誌『五郎兵衛新田の歩み』」『農業茨城』一九八五年五月号、茨城県農業改良協会、六四〜六五頁）。

9　茨城県田園都市協会の設立と成果、そして終焉

田園都市づくりの事業が軌道に乗り、点から面へと広がりを見せていくと、集落の基礎調査や実施計画の策定作業が表面的、定型的なものになりがちとなり、最初の構想と違うところも出てくるようになった。

こうした事情を背景として、「計画の策定以前に住民の主体性の確立と運動への参加がなければならない。そのためには、県−市町村−集落という行政ルートだけでは不十分である。田園都市づくり運動の核となる組織が必要である」（上牧健二「田園都市の建設過程Ⅱ」前掲『田園都市十年史』七九頁）という声が出るようになり、県段階の協会設立の必要性の声が高まっていった。未指定市町村の指導者や住民に積極的に働きかけ、準備態勢を作るとともに、指定市町村でも、モデル集落の計画の推進、その成果の他の集落への拡大・波及を進めるには、県段階の推進母体が必要ということから、一九七二年四月に、これまであった田園都市建設連絡協議会を継承する形で茨城県田園都市協会（県協会）が設立され、会長には玉里村長の野口一が就いた。

県協会の会員は、県内の全市町村、市町村田園都市協会、茨城県農協中央会などの農林水産関係団体、常陽銀行などの民間企業で、田園都市に関する調査研究、啓発普及、指導援助などを目的と

した。県内の集落で進められてきた田園都市建設事業を県民運動として発展させようというねらいであった。県協会設立当時の指定市町村は二二、その半分の一一モデル集落で事業が完成していた。

一九七四年に開かれた田園都市建設十周年記念大会では、当時の大会資料によると「田園都市運動は、自然破壊の潮流に抗するとともに、農業の使命を単に農産物の生産業としてみるのではなく、自然の環境を尊重し、生産の経済性を保持し、人間尊重の上に立って地域社会の環境を整備し、発展させようとする運動」である、と宣言した。田園都市運動を始めようとした最初の運動精神の確認であった。

県田園都市協会はその後、山口一門、櫻井武雄らが理事となり、事業推進の原動力となった。そして、地域集落自主活動支援事業、農村地域センター建設コンサルティング事業を中心に、精力的、情熱的に田園都市建設運動を進めていくことになる。

県協会は、建設された田園都市センターが一〇〇カ所になった一九八七年に、一門や櫻井らの発案で、「野口雨情、小川芋銭、長塚節、滝平二郎、飯野農夫也らを生んだ茨城県の農山漁村の芸術文化の伝統を受け継ぎ、新たな芸術文化を創造することにより、人も自然も豊かなふるさとづくりをめざそう」(「茨城県農民芸術祭開催要綱」)と農林漁民芸術祭を開催した。芸術祭は美術展と歌唱祭の二部門で構成され、この年の一二月に水戸市の県民文化センターで農民美術展(のちにふるさと美術展)を、翌年二月に同会場でふるさと歌唱大会(のちにふるさと歌唱祭)を開いた。

美術展は、農山漁村に住む人たちが仕事の合間などを活用し、作品の制作に情熱を傾けてきた絵画や書道などの文化活動を通して、心豊かな地域社会の実現をめざそうと計画されたもので、日本画、洋画、書道、写真、ビデオの五部門があった。応募作品は、最初は二〇〇点であったが、年々増えていき、五〇〇点以上の参加があり、出品作品には、これが素人のものなのかというかなりレベルの高いものもあった。またふるさと歌唱祭は、叙情豊かにふるさとの歌を歌おうと、県内地域の集落から毎年二〇余の団体が参加し、親子三世代が文化センター大ホールの舞台に立ち、野口雨情が作った童謡や合唱曲、地域の伝統芸能、器楽などを披露し、地域の連帯意識を高めるために役立った。地元出身のプロの音楽家も協力出演していた。

この芸術祭は、農山漁村の伝統文化や芸術、さらに人間関係、家族というきずなを通して、ふるさとづくりに大きな成果をあげることに役立ったと評価できる。

県協会は一九八五年一〇月に、つくば市のノバホールで全国農業構造改善対策協議会と共催で全国むらづくり大会を開いた。各地の経験を交流し合い、むらづくりの輪を進めていき、全国に広めようという趣旨であった。

大会は二部構成で、初日は下河辺淳の基調講演のあと、「むらづくりの課題と実践」というタイトルで櫻井や福島県三春町の伊藤寛らの実践報告と意見交換があった。二日目も、牛久市に住んでいた作家・住井すゑの娘で毎日新聞の記者・増田れい子の基調講演があり、そのあとの実践報告のタイトルは「むらづくりと婦人の役割」。出島村新生の春日千代、福岡県築城農協若妻会の渡辺ひろ子の実践報告と意見交換があった。参加者は両日とも一〇〇〇人を超す盛況ぶりであった。

この全国むらづくり大会は一九八七年に、「農村振興運動」を進めてきた鹿児島県に引き継がれたが、そのあとは続かなかった。県レベルでこのような運動を進めているところがなかったからである。

茨城県の田園都市建設運動を振り返ってみると、つくば市で開いた全国むらづくり大会の開催が運動のピークであったと考えられる。この運動は、岩上、櫻井、一門らの発想、情熱、予算化、行動などによって支えられてきたが、県田園都市協会があったからこそこれだけの盛り上がりをみせ、実績を積み上げることができたと考えられる。同時に、初期の時代に事務局を担ってきた櫻井の愛弟子の小林啓治、集会料理や歌唱指導に力を発揮した塙克子らの下支えも大きな役割を果たしてきたと言える。県の農政企画課などが直接担当していたのでは、これだけの展開はありえなかった。

茨城県は、知事が岩上から竹内藤男に代わったあとの一九八九年に田園都市建設事業を打ち切り、集落センターを単年度で建設する農村集落センター整備事業と豊かなむらづくり事業に切り換えた。それに伴い、県内の田園都市運動をけん引してきた協会は、茨城県村づくりセンターに、さらに、知事が橋本昌になっていた九六年には茨城県ふるさとづくり推進センターに名称が変更された。「名は体を表す」という言葉があるように、むらづくりやふるさとづくりという名称への変更は、田園都市づくりという理念の放棄であった。それはともかく、三八年の間に建設が進められてきた田園都市センター、コミュニティセンターは全部で八七〇カ所に及んでいる。

ふるさとづくり推進センター時代の一九九八年に、新しい事業としてふるさと女性大学「葦の会」

が発足した。地域づくり、ふるさとづくりには女性のすぐれたリーダーが必要であり、そのリーダーを育成することがこの会の目的であった。メンバーは県内の農山漁村に居住する女性で、年に六回、県内のトップリーダーや文学者、声楽家などの講義、指導を受けるという内容であった。二〇〇〇年には、ヨーロッパの田園都市のルーツを求めて、葦の会の卒業生たち三〇人が「ふるさと女性の旅」としてイギリス、ドイツ、フランスに旅立った。葦の会は一三期続けられ、二八〇〇人近い修了生を送りだした。

知事が替わり、名称が変わっても、田園都市建設事業は継承されてきたが、二〇一〇年度にふるさとづくり推進センターは解散させられてしまう。財政難を理由に、県からの補助金が打ち切られることになったからである。同年度のセンターの収入は県補助金が一五〇〇万円、その他を含めて二二〇〇万円程度だから、県全体の予算から考えれば、何とでもなる額である。財政難というのはこじつけに過ぎないと考えられる。この知事は、岩上が始めた県史編さん事業を一九九六年に終了させ、編さん事業で重要な役割を果たしてきた『茨城県史研究』を二〇一六年に休刊（実質は廃刊）に追い込んだ。この人は、歴史や文化・芸術などと縁が遠かったようである。それより前の〇六年には、ふるさと芸術祭が廃止になっている。

日本経済の高度成長と産業としての農業の斜陽化に伴う農家の兼業化の進展、家屋の新改築や農村集落の混住化など田園都市建設事業が始まった頃とは大きく違う外的要因の変化があったにせよ、「効率化」という錦の御旗に、岩上たちの抱いてきた高邁な理念と実績は、いとも簡単に打ち捨てられてしまったのである。田園都市運動や県史編さん事業の結末を見ていると、トップの考え方ひとつで行政はこうも変わるのだという典型的な見本である、と思えるのである。

この時、岩上と櫻井はすでに亡く、一門は、ふるさとづくり推進センターが解散される二〇〇一年の一月に亡くなった。明治末期に心ある内務官僚たちが描いた田園都市というユートピアを、五〇年後に茨城の地で花を咲かせることができたのだが、くしくも一門の逝去に合わせて散っていったことを私たちはどう受け止めればいいのであろうか。

10　茨城県における田園都市運動の評価

高度経済成長期に全国各地で始まったむらづくり、地域おこしなどは現在でも盛んであり、一定程度の評価ができる。私がこれまで見聞してきた事例でも、大分県の一村一品運動や宮崎県綾町、大分県湯布院町、熊本県水俣市、高知県馬路村、愛媛県内子町、長野県小布施町、新潟県安塚町、福島県三島町、同三春町、山形県遊佐町、北海道ニセコ町、同池田町などは、私が農協や行政で仕事をする上で大いに参考になった。私が創設に関わり、二〇二〇年まで続いていた環境自治体会議も、中味は同じではないにせよ、環境をキーワードにして、国に頼らずに住民主体のまちづくりを進めていくことでは同じだと考えている。ただ、いずれも田園都市運動のねらいや手法とはどこかが違う。

第二回全国むらづくり大会を開いた鹿児島県は、一九七七年に当時の知事・鎌田要人の「畦道の声を積み上げ、豊かでぬくもりに満ちた村づくり」を掲げて、農村振興運動を始めた。同県は農業県であるが、茨城県とは違い、大消費地に遠く、台風やシラス土壌、桜島の火山灰などで自然条件がきびしい所である。しかも、田畑の整備水準は全国よりも低く、農民の生活環境の整備改善も課題であった。

これらの対策として県は農村振興運動を始めたのだが、下からの盛り上がりによる自立自興、話合い活動を基本とするなど、運動の目標や重点の置き方は茨城の田園都市運動に近かった。拠点集落を決める、集落のむらづくり組織を作る、むらづくり活性化計画を作成する、リーダーを養成するなど、その手法は茨城の進め方と類似している。ただ、これまでの事業の内容を見てみると、畑地灌漑、水田や茶園の整備、担い手の確保など農業生産面の事業に主力が置かれ、集落道の舗装や生活排水の整備などの集落景観整備事業や伝統行事・文化の復活継承などの活動は弱く、農村の暮らし方を変えていこうとした茨城県の田園都市運動とは同じではないと思われる。

私が知る限りでは、全国で唯一、茨城県の田園都市運動に学び、農協が独自に組合員を主体にして地域計画を立てたのは、福島県田村郡三春町御木沢農協という組合員がわずか二〇〇余名という小さな農協であった。その牽引力になった伊藤寛は、農林中央金庫に在職していた当時、水戸支所に配属され、県が開く田園都市関係の会議や現地検討会に出席し、そこで学んだことを、農林中央金庫を退職し、地元の御木沢農協に戻って活かした、ということである。伊藤はその後、町の助役を経て町長に就任し、田園都市の手法を三春町のユニークなまちづくりに活かしていく。伊藤はのちに「水戸支所で、心のどこかに（田園都市運動の）火がついて、それを消すことができなかった」と述懐している（前掲『田園都市二五年の思い出』四頁）。

茨城県の田園都市運動に注目し、関わりを持ってきた一人に農村開発企画委員会の石川英夫がいる。石川は、田園都市協会が解散する時に編まれた『田園都市二五年の思い出』に「わが国むらづくり運動の先達」という一文を寄せており、その中で「（茨城県の）田園都市建設事業の特徴は、①生活の問題を村づくり運動の出発点にしたこと、②田園都市建設基金制度を創設したこと、③村づくりの基礎を集落においたこと、という三点にある」（一二頁）と的確なとらえ方をしている。また、田園都市センターの設計などに関わった地域社会計画センターの藤野厚は、同書に「すぐれた歴史と実績を持ち、今後も活動が期待されていた組織が何故に解散するのか理解に苦しんだ。むらづくりの発想・手法の継承を」と訴えている（三頁）。

山口一門は、「いま本県の田園都市協会が役割を終え、解散を目前にしているとき、奇しくも農政は日本農業の行詰りのなかで、『農業対策から農村対策へ』と大転換しつつある」と県行政の変貌を皮肉っている（同前、三六頁）。岩上二郎は、「私の意図した田園都市の主体は、農民の意識革命が前提となっていたため、補助金ありきの農林省と他関係省庁と意見が合わず、随分と苦労した。結局は、茨城県もその例に漏れず、補助金政策が先行してしまった感じで、農民の意識はいつの間にか依然として金の多寡に支配されてしまったことは、今後の農民主体の環境づくりがどうなるか心配でたまらない」と、不安な気持ちを吐露している（同前、一頁）。

岩上らが考え、茨城の地で建設を進めた田園都市は、ハワードが新しい地に建設した都市サイドの人工的な都市とは違い、既存のじめじめした暗い農村を、人間が人間らしく生活できるところに変えようとするものであった。したがって、同じ田園都市という言葉を使っても、両者の中味は同じではない。というより、わが国の田園都市に関する研究者や専門家は、現在でも茨城での田園都市づくりの経過、実績をまったく無視している、相手にしていないのである。そのことを認識したうえで、岩上二郎や櫻井武雄、山口一門らが描いていたユートピアは茨城の地で実現したと言えるのであろうか。本節の最初に一門が指摘したような農村、農家は変わったのだろうか。

私は、田園都市運動によってユートピアは実現したし、農家の暮らしは大きく変わったと見ている。田園都市運動に取り組んだ集落の人々の意識と行動様式は、それ以前とは大きく変わり、集落の風景も変わった。変化の要因の一つには、高度経済成長による暮らしの変化などが挙げられるが、それを勘案しても、多くの事例、体験発表などから農民の意識の変化を読み取ることができる。

では、茨城の地でどうして田園都市運動が実を結んだのだろうか。私は、そこに人の存在をあげたい。従来の知事とは違う発想を持った岩上、それを支えた学者の櫻井、現場で苦悩してきた一門のハーモニー。さらに、田園都市建設という発想を支持した現場の複数の首長の存在。客観的な条件は全国どこでも同じであっても、田園都市という発想、考え方が運動、行動として展開していくのには、現場を含めてそれを担う人がいるのかどうかにかかってくる。茨城の田園都市運動もそうであったが、先にあげたむらづくりの事例の地には必ず仕掛け人がいた。人が仕事をするのである。ハワードの思想をわが国に持ち込んだ明治期の内務省の人たちは意気盛んであっても、現場を持たず、実現に向かうための人がいなかった。

問題はその後である。運動とは字のごとく、動きを運ぶことであり、担い手がいなくなり、動きが止まれば運動にはならない。田園都市とその後のむらづくりの建設に取り組んだ八七〇の集落が現在どうなっているかという調査がされていないので、田園都市というユートピアがそれぞれの集落に今日なお根付いているかを私は判断できないが、人々と集落の営みは永遠であり、動きが止まれば、人々の意識や集落の構造も変わることはない。建物や道路などのハードの事業は残るが、それを活用する人たちの活動がどうであるかがその地域のその後を決定する。

【註】本章で扱った玉川農協の動きについては、茨城玉川農協四十年史編集委員会『茨城玉川農協四十年史』（同農協、一九九〇）と玉里村史編纂委員会『玉里村の歴史』（玉里村、二〇〇六）に依拠した。

山口一門関係略年譜

一九一八	台北市（台湾）で生まれる
一九三五	茨城県立石岡農学校（現石岡一高）を卒業
一九四三	玉川村農業会常務理事
一九四八	玉川村農協設立。監事に就任
	茨城県農村青年連盟委員長
一九四九	玉川村農民会議結成
一九五〇	玉川村農協組合長（一九七〇年まで）
一九五一	日本文化厚生農業協同組合連合会会長（第二代。一九七二年まで）
一九五六	石岡地区酪農業協同組合連合会（石酪連）設立
一九五七	玉川農協総会で「営農形態五ヶ年計画」を策定し、「米プラスα」方式を確定
一九五九	茨城県知事に岩上二郎が当選
一九六二	玉川農協で肉豚長期平均払精算制度が発足
	石岡地区農協畜産団地造成推進協議会設立
一九六四	第一回田園都市計画研究会（茨城県）
一九六五	石岡地区農協連合会が発足
一九六九	茨城県農協中央会副会長
一九七二	農協関係常勤役員一切を退任。農業に従事
	茨城県田園都市協会設立
一九七九	農協問題研究会会長
一九八五	第一回全国むらづくり大会（茨城県桜村「ノバホール」）
一九八七	日本文化厚生農業協同組合連合会会長
二〇一一	一月二四日死去（九二歳）

出典：茨城玉川農協四十年史編集委員会編『茨城玉川農協四十年史』茨城玉川農業協同組合、一九九〇、「田園都市二五年の思い出」編集委員会編『田園都市二五年の思い出』茨城県田園都市協会、一九八九他。

終章　二人の山口が遺したもの

1　武秀の「歴史的」な役割

これまで、茨城が生んだ、戦後の農民運動と農協運動で活躍した山口武秀と山口一門の二人の足跡を追ってきた。では、その二人はそれぞれ何を遺していったのか。また後世、どのように評価されているのか。私たちは何を受け継ぐべきなのか。

水戸市に本社を置く茨城新聞社は二〇一七年に『茨城歴史人物小事典』を出した。本の帯に「鎌倉以前から平成までに活躍した茨城ゆかりの歴史人物をまとめました」とある。五〇〇人余が紹介されている。しかしこの中に二人の山口は含まれていない。同書では、二人は茨城で過去に活躍した人だと評価されていないのだ。このことが、逆に現在の茨城での二人の評価だと考えられる。

では、その二人の山口の足跡をそのまま消してしまってよいのだろうか。

全国農協中央会の職員だった松本登久男は、武秀との対談で常東農民運動を「戦後農民運動のいくつかの画期点は、常東農民運動がその闘いを通じて発揮した指導性と影響力によってつくり出したといってもよいのではないか」と評価している（山口武秀『常東から三里塚へ』三一書房、一九七二、一七頁）。そして松本は、「土地闘争、反独占の諸闘争と、めざましい戦闘力を発揮し、大きな成果をあげてきた常東農民運動が、なぜ、地すべり的な変化をもたらす六〇年代農政の本格的展開を前にして〝終焉〟したのか」（同前、一八頁）と武秀に問うている。

それに対して武秀は、農民と農民運動家との分離は一九四八年以降顕著に始まる。日本の農民運動の先頭に立って新分野を切り拓かねばならぬ任務を常東が背負っていたが、こういう姿勢を持った常東農民組織自体が、大衆の動きと遊離していた。常東の価格闘争は私がつくりだした闘争であって、大衆自らがつくった闘争ではなかったと答えを出している（同前、三二～三三頁）。

では、農地改革後の農民の関心事は何であったのか。武秀は、同書の中の農政学者坂本楠彦との対談で「大衆の本流は、現実に農地改革以降は農事研究会の活動が占める。私たちはこの事実と、農業改良運動のなかに農民が求めた意味とを、的確に見なければならなかった」（同前、六八頁）。「私自身、当時この情勢と農民の立ち上がりの原因がつかめず、この高揚した農民の激しい流動状況をどう階級的に発展させればよいのかわからなかった」（同前、六九頁）と述懐している。

武秀はこの対談で「農業経営と農民生活に関わる問題、そこに生起するのが農民運動」と規定しているが、現実の常東の運動では、農民の経営問題にも生活問題にも切り込むことはなかった。特に生活＝暮らしには関心を示さなかった。農地改革以前の農民の最大の関心事は土地を自分のものにしたいということであった。小作農民の敵は地主であった。長塚節の小説『土』で描かれたように、誰もが自分の相手をわが目ではっきりと見ることができた。武秀はそのような農村の情勢、農民の心情を鋭い感性でつかみとり、戦略を立て、戦術を組むことができた。土地を自分のものにしたい農民を意のままに動かすことができた。耕作しているその土地がわが物になった次は、自由になったこの土地をどううまく活用していくかが関心事になる。そのことを武秀は見抜けなかった。時代認識、社会認識が間違っていたとしか思えない。衆議院議員選挙の結果でわかるように、農民たちは土地を得たあと武秀から離れ、保守陣営に走っていった。

武秀が「反独占」を貫き通すなら、農家の経営問題をきちんと見据え、農家が購入する肥料、農薬、農機具などの資材価格の分析から始めるべきであった。それぞれの製造業者はまさに独占企業であり、商品価格はメーカーの意のままに決定されている。しかし、農産物の生産者は無数にあり、その価格は自分では決められない。コストをそのまま価格に織り込めない。

二〇一八年のコメを例に取り、その実態を見てみる。

農水省の統計によれば、同年の玄米一俵（六〇キロ）あたりの生産費は一万五三五二円で、労働費が三一・一％。それに対し資材費は農機具費が二一・六％、肥料費が八・〇％、農薬費が六・八％で、合わせて三六・四％になり、労働費を上回っている。同年の農協のコメの買い入れ価格は地域によって違うが、一万円から一万二〇〇〇円であった。生産費を大きく割り込み、労賃部分は約三割しかない。資材費は削れないから、生産費と販売価格の差額三〇〇〇〜五〇〇〇円は生産者の労賃部分に食い込んでいるということである。農家は赤字、農協の経済部門も赤字。しかし、肥料農薬メーカーや流通業者は価格を自分たちで決め、「適正利潤」を得ている。そして倒産したという話は聞かない。

単純に比較はできないが、戦前の小作料水準はおおむね五割であった。小作農の取り分は収穫量の半分あった。しかし現在は生産したコメの三割しか自分のものになっていない。戦前よりもひどいのではないのかと思える。戦前と同じように、生産者である農民は自分の労賃部分を削られた状態で販売している。働いても、その価値が実現していない。問題なのは、生産農民の「敵」は、かつての地主のようにはっきりとは見えないということである。

武秀の「反独占」がホンモノであったなら、この構造にメスを入れ、独占企業に闘いを挑むべきであった。農民の真の敵はデンプン業者ではなく、農機具、肥料、農薬などの独占資材メーカーであったのだ。

戦後すぐの時期、武秀の考えと常東農民組合の行動に共鳴し、梁山泊のように集まった学生や運動家、思想家、学者たちは、常東の最後の時期には誰一人残らなかった。武秀の人と戦術に愛想をつかしたからである。その人たちの武秀に対する評価と批判はすでに見てきたので、ここでは繰り返さない。

私の武秀に対しての最大の疑問は、後半の常東の運動であれほど反独占を標榜しながら、鹿島開発に対してどうして手を出さなかったのか、に尽きる。鹿島では黒沢町長をはじめとする激しい反開発闘争が繰り広げられた。腹心の一人だった市村一衛は逆に鹿島開発の推進に深く関わっていった。しかし武秀はこれらの闘争に一切関わりを持たなかった。

千葉県三里塚に関しても、武秀の著『常東から三里塚へ』の冒頭にある一九七〇年一二月の「三里塚空港粉砕・全国住民運動総決起集会」での挨拶を行ったことくらいで、その後の三里塚闘争に影響力を行使した形跡は見られない。

武秀は価格闘争、営農資金獲得闘争の後、鉾田町や北浦村のし尿・塵芥処理場などの反対運動、高浜入干拓、水戸東部浄化センター建設反対など散発的な運動、闘争に関わり、成果を収めるが、敵は誰かを見、そして勝てる相手を見定め、一点突破の戦術を駆使し、「勝った」にすぎない。

では、武秀は歴史上どのような役割を演じたのだろうか。そのことを自らはどう考えていたのかを示唆する文がある。一九六七年に出した武秀の『水戸天狗党物語』（三一書房）の最後にこう書いている。

天狗党の挙兵は悲劇に終った。その犠牲者は敦賀に斬られ、各地に戦死し、捕えられて獄死したものを合計すると実に千五百人をこえ、水戸藩の人材はその殆どが消滅してしまったといわれる。それでは全くの無意味に終ったものであろうか。いや、必ずしもそうではない。彼らの挙兵そのものは動乱の機をつくり、筑波、那珂湊の合戦の勝利は幕軍の弱体を露呈し、西上二百余里の行軍は幕藩体制の権威を踏みにじったもので、武家政治倒潰の日を早からしめた。歴史は彼らに一つの役割を果させている（二一七頁）。

戦後の茨城の鹿行地帯における武秀の一連の闘争も、水戸天狗党の行動や結末と同じことだったのではないか。農地改革時の常東の土地闘争は、まさに土地を自分のものにしたいという農民の心情と重なり、未墾地の解放と合わせてその役割を果たした。その後の価格闘争、営農資金獲得闘争も然りである。

しかし、武秀は、その後の常東の農民たちの変化した思いや願いを感じながらも、それを運動として組み込むことができなかった。その後、農民たちは武秀と決別し、政治的には保守政党を支える母体となり、農業生産面では、自らの力で鹿行地帯を日本有数の園芸産地にしていく。結果として、武秀と常東農民運動は、「後進県」茨城の最果ての地を農業の「最先進」地帯に変えていく触媒の役割を果たした。それが武秀の「歴史的な役割」であった。

「飲水思源」という中国の古いことわざがある。「井戸の水を飲む時には、その井戸を掘った人の苦労を思い、感謝しなさい」という意味の言葉である。緑豊かな、ほとんど耕作放棄地がない鹿行地域の農地を見、直売所に寄るたび、かつて多くの小作農民が常東農民組合の元に地主と対峙し、農地が自分のものになったあとは一家で懸命に働き、家族で収穫を喜べるようになった姿を思い浮かべる。武秀に対する評価はさておき、もし武秀がいなかったら、この地域の農業がどうなったのか、私には想像できない。この地での武秀の農民運動がなかったら、今日の鹿行地域の園芸王国は存在しなかったのではないか。

2　一門の果たした役割と私たちの課題

山口武秀が活動した鹿行地域のすぐ近くで、農協、地域というフィールドで活動した山口一門を私たちはどう評価するか。

一門は、自らの軌跡を武秀のように整理した形として残していない。また、近くで活動した武秀に対する評価も下していない。これに対して、武秀は一門の仕事について、坂本楠彦との対談（前掲『常東から三里塚へ』）の中で、次のようにはっきり述べている。

坂本は、「政府の農業政策は、少数の自立農家を残して、兼業農家、出稼ぎ農家は淘汰していこうという方向」（七一頁）であると述べる。これに対して「玉川農協は、自立農家か出稼ぎ農家か、それを決めるのは政府の農業政策ではなく農民自身なのだ。どういう農業経営をやるのかは、行政指導・経営指導的にやるのではなく、自分（一門）は提案するが、それを討論し、とるとらないは農民自身が決定する」方式を進めてきたと整理し、こうした一門と玉川農協の進めてきたやり方について、武秀はどう考えるかを聞いている（七一～七二頁）。

これに対して武秀は「一門さんのやっている運動は、一応成功していると思う。しかし、あれは一門さんの卓越した指導力によってまとまっているのであって、本当の意味での農民の自主性を土台としたものではない」と答えている。その上で、「玉川農協の農民の経営的な自立の程度を強めようとする動きから一門さんの指導力を引いたら、あまり残るものはない」（七二〜七三頁）と語っている。

本当にそうだったのだろうか。玉川農協管内の農地改革後の農民たちの意識と行動は見てきた通りである。一門は時代の変化を的確につかみ、その農民たちの考えや要望、期待に寄り添い、実践に移していったから成功したのではないか。坂本の分析の方が正しかったと思える。

しかし同時に運動は、その時の指導者に大きく左右される。その後の玉川農協の動きを追い、玉川農協がなくなった現在の同地区の姿を見ると、後継者が正しく一門たちの考え方ややり方を受け継いでいったとは思えない。玉川農協だけではなく、戦後の農協運動の中で、秀でた農協には優れた指導者がいて、組合員も職員もその方針に従って動き、成果を上げてきた。しかし、指導者が替わると元の木阿弥になってしまう、という農協がいかに多いことか。私はその姿を多く見てきている。後継者を育て、組合員組織が継続して動いていくことは、実際には大変困難なことなのである。

全国にある農協の数は、畜産、園芸などの専門農協を除くと二〇二〇年四月現在で五八四あるが、その中で、協同組合思想を受け継ぎ、継続して事業活動を行っている例として、大分県下郷農協と神奈川県秦野市農協を挙げることができる。大分県中津市の耶馬渓の近くにある下郷農協は、戦後まもなく、小作農が「自分たちが食べるものは、できるだけ自分たちでまかない、身の丈に合った暮らしをすることで、人間らしく生きよう」という想いで作られた。農薬や化学肥料を使わない農業と飼料にこだわった農畜産物の生産を続け、「農協産直」の先駆けとして知られ、県域農協の大分県農協には加わらなかった。

神奈川県秦野市農協は都市農業地帯にあるが、二宮尊徳とその弟子安居院《あぐい》庄七の報徳思想を組合運営の要とし、活発な組合員教育を行い、活動を地域住民に広げた協同組合として「本当の協同組合運動」の実践を目指して活動している。「教育はすべての事業に優先する」という山口一門の主張と合致する。

二つの農協は、組合長などの指導者が替わっても、その後も協同組合の思想を継続して受け継ぎ、守っている稀有な例である。

一門は茨城県玉川村で、米プラスアルファー方式と石岡地域の営農団地構想を打ち立て、生産農民に軸足を置き、農業で生活できる道を考え、実現した。その構想が全国農協中央会の目に留まり、国の農業基本法農政に対抗するかたちで全国に広がりを見せた。一九六七年の全国農協大会が決議した「日本農業の課題と対応」（農業基本構想）には、集団生産組織と営農団地の推進がうたわれた。一農協の試みが全国の農協運動のモデルになったのである。長い農協運動の歴史の中で、この事実を消すことはできない。

玉川農協は一門が第一線を退いたのち、後継組合長が農産加工施設などへの過重投資と豚肉の偽装表示事件を起こし、経営が破綻状態となり、その姿を消してしまった。玉川農協の旗頭であった養豚団地も現在は残っていない。

しかし、石岡地区営農団地、石岡地区連を構成していた八郷町農協（現在は八郷農協）は地域総合産直構想を活かし、東都生協との産直や有機農業への取り組み、新規就農研修農場、ふれあい農園の運営などの活動を展開しており、一門の思想を受け継いでいると考えられる。

一門はもう一つの農業協同組合全国連合会である日本文化厚生農業協同組合連合会（文化連）の設立に関わり、のちに会長を務めた。文化連は、「保健医療施設及び経営の指導、国民健康保険事業の推進、各種文化資材、保健医療資材の配給斡旋」（『日本文化厚生連三十年史』日本文化厚生農業協同組合連合会、一九八三、四四頁）という、他の事業連とは違う事業を行う組織として設立された。そして、全国販売農業協同組合連合会（全販連）や全国購買農業組合連合会（全購連）などの全国連合会と違い、設立当初から市町村に存立する単位農協（単協）も加盟していた。

その文化連は『日本文化厚生農協連七十年史』（日本文化厚生農業協同組合連合会、二〇一八）で「一門さんから学ぶ『協同』とこれからの課題」という一章を設け、一門が残した語録を紹介している。さらに『文化連情報』の二〇一九年一月号から八回にわたって「一門さんのことば」を載せ、同連常務の佐治実が、一門が書いた著作、論文の言葉を引き、解説文を書いている。一門の思想と実践はここに生きている。

一門のもう一つの業績である田園都市づくり、地域社会づくりのねらいは、農民が当たり前の人間として暮らしていける生活環境を作ることにあった。生活するのに必要な所得を確保することが農協の役割である。交通の便、医療施設、娯楽施設、上下水道などの物的環境と精神的な安定感、落ち着いた心のゆとりなどモノ・カネ以外の精神的環境を整備することは、当時としては国や県、市町村という行政機構ではできないことであった。それをやろうとしたのが茨城の田園都市構想、田園都市づくりであった。一門は農民の暮らしを最優先に考えていた。その点で、武秀とは決定的に違う。

茨城で田園都市づくりが進められていた当時のことになる。農協陣営は、一九七〇年の全国農協大会で「生活基本構想」を決議し、農協が農業に限らず地域の社会・経済活動全般に積極的に関与していくことを鮮明に打ち出した。同構想は「農協は、人間が、人間らしい生活をしていくための運動の中核体となり、人間連帯にもとづく新しい地域社会の建設をめざして運動しなければならない」(「はじめに」)と格調高く謳っている。

しかしその後、農産物輸入自由化やバブル崩壊など農業と農協を取り巻く社会・経済環境が激変し、農協が単独の経済主体として、事業や活動を通じ、地域社会に関与していくことが困難になってきており、農水省や財界からの農協攻撃と相まって、同構想の理念は農協内部でも忘れ去られてしまっている。

同じように、茨城の田園都市づくりは、当時の農村社会を大きく変える力になった。しかし、田園都市構想を県行政の柱の一つに据えた岩上二郎知事が退任した後、後任の知事は熱意を示さなかった。さらに、農林漁業の衰退と兼業化の進展、農村社会の都市化現象などにより、田園都市づくりを推進した地域ですら、過去のことになってしまっている。ここでも、担う人が誰かということが問題になる。

農村社会の貧しさからの解放は、単に経済基盤の変革だけでなく、農民の暮らし方を変えていくことだと考えた茨城の田園都市運動は、生活の問題を村づくりの出発点とし、その基礎を生活の根っこである集落に置いたことに特徴があった。

また全中の「生活基本構想」は、①就業・教育・公衆衛生など、都市と農山村の経済・社会インフラの格差問題、②農山村での高齢化、過疎化、女性の地位の問題、③農業生産環境・農産物の安全性の問題など幅広い問題を掲げ、農協がこれらの課題の解決に向けて力を発揮していく、という宣言であった。

茨城の田園都市構想と全中の生活基本構想とは、表現は違っても、根幹は一致していた。そして今日、農村社会は日本の高度経済成長以降、大きく変化したとはいうものの、あらゆる面においてなお都市との格差は厳然として残っている。

したがって、田園都市運動と生活基本構想の復権はなお今日的な課題である。ユートピアにはこれで終わりというゴールはない。

一門が描いた夢は、拠点の玉里村、石岡地域だけでなく、茨城県そして全国に広がって行った。一門は、戦後の農村、農業、農協に大きな役割を果たした。それをどう引き継いでいくのかが、のちの世代の私たちの役目である。

参考文献

第一部

いいだもも「求道の孤独な組織者——山口武秀」（『別冊経済評論』第一一号、日本評論社、一九七二）
市村一衛「語られなかった常東農民運動」（『月刊東風』第三九号、東風出版、一九七五）
茨城県開拓十年史編集委員会編『茨城県開拓十年史』（茨城県開拓十周年祭委員会、一九五五）
茨城県史編さん現代史部会編『茨城県史料　農地改革編』（茨城県、一九七七）
茨城県史編さん市町村史部会編『茨城県史　市町村編Ⅲ』（茨城県、一九八一）
茨城県農業史研究会編『茨城県農業史料8　村づくり運動のメッカ——玉造町手賀新田』（「茨城県農業史史料第三六号」茨城県農業史編さん会、一九八四）
茨城県農協十五年史編さん委員会編『茨城県農協十五年史』（茨城県農協十五年史編さん委員会、一九六五）
茨城大学地域総合研究所編『鹿島開発』（古今書院、一九七四）
茨城農政十年史編集委員会編『茨城農政十年史』（茨城県興農推進連盟、一九五八）
茨城耳の会記念誌刊行委員会編『炉辺談話一〇年』（茨城耳の会、一九九二）
今西一「松下清雄を語る会について」（『立命館言語文化研究』第二一巻二号、立命館国際言語文化研究所、二〇〇九）
岩本由輝「北陸浄土真宗信徒移民の展開」（木戸田四郎教授退官記念論文集編集委員会編『近代日本社会発展史論』ぺりかん社、一九八八）

大崎正治「反コンビナート闘争――鹿島開発闘争の教訓」（日本農業研究会編『日本農業年報二六　農業破壊への抵抗――農民運動の現状と問題点』御茶の水書房、一九七八）
金原左門・佐久間好雄・桜庭宏『茨城県の百年』（山川出版社、一九九二）
菊池重作『茨城農民運動史』（風濤社、一九七三）
北浦村農業振興研究委員会編『北浦村農業振興計画基本調査報告書』（北浦村農業振興研究委員会、一九八八）
高校地理教育懇話会編『開発と地域の変貌』（大明堂、一九七五）
五味健吉編『昭和後期農業問題論集二三　農民運動論』（農山漁村文化協会、一九八五）
五来重「北陸門徒の関東移民」（赤田光男ほか編『五来重著作集　第九巻』法蔵館、二〇〇九）
坂井誠一「北陸門徒の関東・東北移住」（『上越教育大学紀要』第二号、一九八三）
佐川一信『水戸発地方からの改革』（日本評論社、一九九四）
佐藤守弘「鹿島港建設事始め――鹿島港港湾計画の策定と建設初期工事」（茨城県立歴史館史料部編『茨城県史研究』第七八号、茨城県立歴史館、一九九七）
サンケイ新聞水戸支局編『土と炎と――茨城の五〇年』（鶴屋書店、一九七五）
竹内慎一郎『北陸農民の関東東北移民』（入善町文化会、一九六二）
中川正「集落の性格形成における宗教の意義」（『人文地理』第三五巻第二号、一九八三）
長崎浩「政治の『歴史』の継承性――針谷明『常東農民運動史の一考察』によせて」（『月刊東風』東風出版、第四五号、一九七五）
永田恵十郎編著『講座　日本の社会と農業3　関東・東山編　空っ風農業の構造』（日本経済評論社、一九八五）
中西僚太郎「明治期の茨城県における牛馬耕導入・普及をめぐる官民の動向」（山根拓・中西僚太郎編『近代日本の地域形成――歴史地理学からのアプローチ』海青社、二〇〇七）

日本農業研究会編『日本農業年報5　農民運動の現状と展望』（中央公論社、一九五六）
農業発達史調査会編『日本農業発達史　第一巻』（中央公論社、一九五三）
農民運動研究会編『新しい農民運動』（三一書房、一九五六）
農民運動研究会編『独占資本とたたかう農民運動』（三一書房、一九五六）
針谷明「山口武秀論への試み――その思想と行動から」（『月刊東風』第四三号、東風出版、一九七五）
針谷明「常東農民運動の一考察（上・中・下）」（『歴史評論』一九七五年七～九月号、校倉書房、一九七五）
東敏雄編『百里原農民の昭和史――茨城百里の人びと』（三省堂、一九八四）
先﨑千尋「鹿島開発の『収束』――波崎町の土地改良事業にピリオド」（『茨城大学地域総合研究所年報』第三八号、茨城大学地域総合研究所、二〇〇五）
山口武秀『山口武秀著作集』（三一書房、一九九三年）

第二部

「玉川農協への提案」（『農村文化運動』第一三号、農山漁村文化協会、一九六一）
『田園都市建設事業の実施概要』（茨城県田園都市協会、一九八九）
『むらづくり新時代のリーダーの役割――南国かごしまに集う全国むらづくり大会の記録』（全国農業構造改善対策協議会、鹿児島県農村振興運動協議会、一九八八）
『むらづくりの知恵と進め方――全国むらづくり大会の記録』（全国農業構造改善対策協議会、茨城県田園都市協会、一九八六）
東秀紀・橘裕子・風見正三・村上暁信『「明日の田園都市」への誘い――ハワードの構想に発したその歴史と未来』（彰国社、二〇〇一）

雨宮昭一「玉里村」（『茨城県史　市町村編Ⅲ』茨城県、一九八一）
池上昭「『山小屋塾』の一年半」（『農業・農協問題研究』第九号、一九八五）
池上昭編『青年が村を変える――玉川村の自己形成史』（農山漁村文化協会、一九八六）
石岡市史編さん委員会『石岡市史　下巻　通史編』（石岡市、一九八五）
茨城県田園都市協会機関紙『田園都市』、茨城県村づくりセンター機関紙『むらづくり』、茨城県ふるさとづくり推進センター機関紙『ふるさとづくり』各号
茨城県田園都市協会編『集会料理一二年のあゆみ』（茨城県田園都市協会、一九八九）
茨城県農業会議『土地改良と裏作をめぐる問題――玉里村玉川地区における』（茨城県農業会議、一九五九）
茨城県農協史編さん委員会編『茨城県農協三十五年史』（茨城県農協史編さん委員会、一九八四）
茨城県農林水産部構造改善課編『田園都市の歴史と理論――田園都市計画調査中間報告』（茨城県農林水産部構造改善課、一九六四）
茨城県農林水産部構造改善課編『田園都市に関するレポート』（茨城県農林水産部構造改善課、一九六五）
石見尚『産業の昭和社会史6　農協』（日本経済評論社、一九八六）
大山久衛門「石岡地区農協連合会の現状と問題点」（大谷省三編『続　農協問題を考える――農協運動の現代的課題』時潮社、一九七四）
川野重任ほか監修『農協の事業Ⅱ　生活・地域社会建設』（家の光協会、一九七五）
河野直践『協同組合の時代――近未来の選択』（日本経済評論社、一九九四）
協同組合研究会編『構造改善と協同組合』（御茶の水書房、一九六四）
櫻井武雄「玉里村の農業構造」（茨城県民生労働部編『昭和三三年度茨城県社会調査報告』茨城県民生労働部、一九五九）

櫻井武雄『農村計画の先駆的業績――富山県舟川新の集落改造事業』（茨城県田園都市協会、一九七四）
櫻井武雄『むらづくり運動の新段階――全国むらづくり大会の成果と今後の課題』（茨城県田園都市協会、一九八六）
佐藤健正『近代ニュータウンの系譜――理想都市像の変遷』（市浦ハウジング&プランニング、二〇一五）
島内義行編『星かげ凍るとも――農協運動あすへの証言』（創森社、二〇〇五）
鈴木博編『農協の准組合員問題』（全国協同出版、一九八三）
全国農業協同組合中央会編『農協の生活活動 4 文化活動編』（家の光協会、一九八一）
武内哲夫・太田原高昭『明日の農協――理念と事業をつなぐもの』（農山漁村文化協会、一九八六）
玉里古文書調査研究会『水戸藩玉里御留川――近世霞ヶ浦の漁業と漁民』（玉里古文書調査研究会、二〇一〇）
内務省地方局有志編『田園都市と日本人』（講談社、一九八〇）
中川雄一郎・杉本貴志編『協同組合を学ぶ』（日本経済評論社、二〇一二）
中島紀一「続発する食品偽装事件で表面化した生協産直事業の政策理論問題」（『農業市場研究』第一一巻第二号、二〇〇二）
農山漁村文化協会編『構造改善を進める村――茨城県玉川地区の農業経営確立運動』（農山漁村文化協会、一九六三）
農村開発企画委員会編『農村地域社会の持続的発展――鹿児島県農村振興運動の歩み』（農村開発企画委員会、一九九九）
農村計画研究会編『茨城の生活風土――冠婚葬祭簡素化の歴史を顧みて』（茨城県田園都市協会、一九七七）
農村計画研究会編『農村計画と農村教育――村づくり運動の軌跡』（茨城県田園都市協会、一九八一）
農村計画研究会編『大原幽学の農村計画』（茨城県田園都市協会、一九八二）

農村計画研究会編『田園都市と村づくり』（茨城県田園都市協会、一九八二）
荷見武敬『協同組合地域社会への道』（家の光協会、一九八四）
先﨑千尋「山口一門さんの農協論」（『社会運動』第三七二号、二〇一一）
山口一門『実践的農協論』（現代企画社、一九六八）
山口一門『農協組合長日記』（家の光協会、一九六九）
山口一門『新しい村——田園都市』（現代企画社、一九七〇）
山口一門『農民は死なない』（農山漁村文化協会、一九七八）
山口一門著・農村問題研究会編『農協の地域計画——地域計画を樹てた御木沢農協』（茨城県田園都市協会、一九七六）

あとがき

数年前、東京神田神保町の居酒屋で、当時日本経済評論社の社長だった栗原哲也さん、同社編集部の新井由紀子さんと酒屋談義をした。私は熱っぽく茨城の後進性について語っていた。若い時に一時生家を離れていたが、純農村といってよいところでずっと暮らしていると、色濃く残っている古いしきたりや付き合いなどが鼻につく。時には身動きできなくなる。逃げ出したくなる。

栗原さんに、「茨城の後進性についてまとめたい、それが自分の置かれた位置を明らかにすることだ。その茨城の地で、戦後活躍した山口武秀と山口一門という農民運動家と農協運動家がいた。茨城の後進性の壁と闘い、それを打破した二人の足跡を書きたい」。栗原さんは、「それは面白いね。書いてみたら」と、即座に私の背中を押してくれた。

私は、大学で学んだことを農業、農村、農協がよくなるために役立てたいと考え、ふるさとに戻った。しかしその想いはなかなか実現せず、仕事とした農協や政治の場では孤立し、最後は退場させられた。それなら、その土壌である茨城の後進性についてまとめてみよう、それが自分の役割なのではないかと考え、栗原さんにその想いを語ったのだ。

武秀さんには一度しか会っていない。しかし、戦国時代の武将のように、戦後すぐに縦横無尽に茨城の台地を馬で疾走した彼の話を聞いていると、天性とも言える感覚、資質と並外れた行動力に引きつけられてしまった。武秀さんの最後は、仲間がみな離れてしまい、自分の限界も悟っていたようだが、耕作放棄地がまるでない広々とした鹿行の園芸地帯を車で走っていると、在りし日の武秀さんの面影が浮かんでくる。

武秀さんの反独占農民運動論は、当時の農民運動の中では常に一方の旗頭だった。仲間が多かったし、敵も多かった。当時の農民運動の歴史を見ると、そのことが分かる。良くも悪くも、武秀抜きでは戦後のわが国の農民運動は語れない。しかし本書では、それらには触れていない。私のねらいは、「後進県」と言われたその茨城の「後進地域」であった鹿行地域が今日どうして全国有数の園芸地帯になったのかを解き明かすキーワードとして、武秀という人がいたということだからだ。さらに、戦後の農民運動史を整理するだけの力が私にはないということもある。

一門さんとの出会いは本文に書いておいた。私の二十代最後の頃だから、もう五十年近く前のことだ。当時勤務していた前橋市永明農協の応接室で、「ああ、君が先崎君か」と大声で言われたのが昨日のことのようだ。その後、一門さんが亡くなるまで、霞ヶ浦沿岸の下玉里の自宅に何度通ったことか。「オレと先崎君はオールド協同組合人だから、農協の世界ではなかなか通用しないな」と言われたこともあった。

二人が活躍したのは戦後のこと。古いと言ってもたかだか七十年だ。しかし、二人と一緒に活動した人たちは、ほとんどがすでに亡くなっており、当時の文献で見つけられなかったものがかなりあった。前著『ほしいも百年百話』、『白土松吉とその時代』、『前島平と七人組』（いずれも茨城新聞社）

を書いた時にも史料の散逸が甚だしかったことを知り嘆いたが、今回も同じで、記録や資料を残すことは後世にとって極めて大事なことだと考えている。

本文ではすべて敬称を略させていただいた。また、本書をまとめるにあたっては、多くの方々のお力添えをいただいた。二人の肖像写真を掲載するにあたっては、ご遺族の山口武さん、山口翠さん、山口みや子さんのご了解をいただいている。表紙の写真は、一門さんの近くに住む山口ヒロナリさんの「霞ヶ浦と筑波山」の作品を使わせていただいた。執筆にあたっては元玉里村役場職員池上昭、國學院大學名誉教授大﨑正治、茨城大学名誉教授中島紀一、元全農職員今野聡の各氏に資料の提供とアドバイスを受けた。昨年五月に亡くなられた池上氏は二〇一二年に、一四ページに及ぶ「山口一門論稿目録」をまとめておられる。その他、次の方々にお世話になった。記して謝意を表したい（敬称略。あいうえお順）。

會田春美、浅田昌男、伊藤寛、茨城県田園都市協会、茨城県農協中央会、茨城県立図書館、茨城県立歴史館、茨城県鹿行農林事務所、茨城大学人文社会科学部、茨城大学図書館、小野瀬みよ子、桐原邦夫、齋藤典生、清水澄、棚谷保男、行方市農業振興センター、なめがた農業協同組合、日本文化厚生農協連合会、幡谷恭一、塙克子、塙幸雄、樋口洋子、放水隆文、山口和弘、山口ヒロナリ

二〇二〇年一一月

先﨑千尋

〔著者紹介〕
先﨑千尋（まっさき・ちひろ）

1942年茨城県那珂郡静村（現那珂市）生まれ。水戸第一高等学校、慶応義塾大学経済学部卒業。農業を営む傍ら、茨城大学人文社会科学部市民共創教育研究センター客員研究員を務める。過去に全国販売農業協同組合連合会（現全農）、群馬県永明農協（現前橋市農協）、水戸市農協（現水戸農協）、瓜連町農協（現常陸農協）、（有）地域活力デザイン研究所代表取締役、ひたちなか農協（現常陸農協）専務、NPO法人有機農業推進協会理事長。茨城県瓜連町議、瓜連町長。農林省農業総合研究所駐村研究員、茨城大学地域総合研究所客員研究員、茨城大学人文学部、筑波大学生物資源学類、鯉淵学園、茨城県立農業大学校各非常勤講師、茨城大学地域総合研究所特命教授を歴任。

主な著作：『永明農協12年のあゆみ』（群馬県永明農協）『農協の地権者会活動』『農協のあり方を考える』『農協に明日はあるか』（いずれも日本経済評論社）『よみがえれ農協』（全国協同出版）『ほしいも百年百話』『白土松吉とその時代』『前島平と七人組』（いずれも茨城新聞社）『邑から日本を見る』（STEP）『日本農業論』『経済政策』（分担執筆、いずれも有斐閣）など。

住所：茨城県那珂市静1180

Eメール：tmassaki@sweet.ocn.ne.jp

評伝 山口武秀と山口一門
戦後茨城農業の「後進性」との闘い

2021年1月20日　第1刷発行　　定価（本体3200円＋税）

著　者　先　﨑　千　尋
発行者　柿　﨑　　　均

発行所　株式会社　日本経済評論社
〒101-0062 東京都千代田区神田駿河台1-7-7
電話 03-5577-7286　FAX 03-5577-2803
E-mail：info8188@nikkeihyo.co.jp
URL：http://www.nikkeihyo.co.jp
印刷：文昇堂／製本：根本製本／装幀＊オオガユカ（ラナングラフィカ）

乱丁落丁はお取替えいたします　Printed in Japan

ISBN978-4-8188-2576-5 C1061